THÈSES

DE MÉCANIQUE

ET

D'ASTRONOMIE,

PRÉSENTÉES

A LA FACULTÉ DES SCIENCES DE PARIS,

Le 7 Novembre 1851,

PAR M. A. TISSOT,

Ex-Capitaine du Génie.

PARIS,

BACHELIER, IMPRIMEUR-LIBRAIRE

de l'École Polytechnique et du Bureau des Longitudes,

Rue du Jardinet, 12.

1852.

THÈSES

DE MÉCANIQUE

ET

D'ASTRONOMIE,

PRÉSENTÉES

A LA FACULTÉ DES SCIENCES DE PARIS,

Le 7 Novembre 1851,

Par M. A. TISSOT,

Ex-Capitaine du Génie.

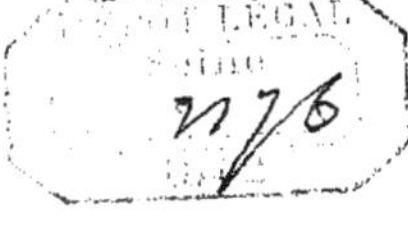

·PARIS,

BACHELIER, IMPRIMEUR-LIBRAIRE

de l'École Polytechnique et du Bureau des Longitudes,

Rue du Jardinet, 12.

1852.

ACADÉMIE DE PARIS.

FACULTÉ DES SCIENCES.

MM. MILNE EDWARDS, Doyen,

THENARD,
PONCELET, } Professeurs honoraires.
BIOT,

POUILLET,
CONSTANT PREVOST,
DUMAS,
AUGUSTE DE SAINT-HILAIRE,
DESPRETZ,
STURM,
DELAFOSSE,
BALARD,
LEFÉBURE DE FOURCY, } Professeurs.
LE VERRIER,
CHASLES,
CAUCHY,
DUHAMEL,
DE JUSSIEU,
GEOFFROY-SAINT-HILAIRE,
LAMÉ,
DELAUNAY,

VIEILLE,
BERTRAND,
MASSON, } Agrégés.
PELIGOT,
PAYER,
DUCHARTRE,

THÈSE DE MÉCANIQUE.

Mouvement d'un point matériel pesant sur une sphère.

1. Dans le mouvement d'un point matériel soumis à la seule
action de la pesanteur, et assujetti à rester sur une sphère, le temps
dépend, par une intégrale elliptique de première espèce, de la distance z du mobile au plan horizontal, qui passe par le centre de la
sphère, et l'angle ψ du plan vertical, qui contient ces deux points,
avec un plan vertical fixe, s'exprime, au moyen de z, par la somme
de deux intégrales de troisième espèce. L'application des principes
exposés par M. Jacobi, dans les *Fundamenta nova, etc.*, et l'emploi
de la transcendante Θ permettront donc d'obtenir, en fonction du
temps, les variables de la question [*]. Ainsi, la solution complète du
problème ne sera plus bornée au cas où, le mobile s'écartant très-peu
du point le plus bas de la sphère, on serait autorisé à négliger les
quantités très-petites du troisième ordre; de plus, les caractères de
périodicité, qui n'ont été constatés que pour ce cas particulier, et
dans les limites de l'approximation indiquée, se trouveront établis
d'une manière rigoureuse, quelle que soit l'amplitude du mouvement.

Calcul de z en fonction du temps.

2. Si l'on appelle R le rayon de la sphère, g l'intensité de la pesanteur, et si l'on représente le temps par t, on aura, en prenant l'axe

---

[*] Cette application sera analogue à celle qui a été faite par M. Jacobi à la rotation
d'un corps solide autour d'un point fixe, dans le cas où il n'y a pas de forces exté-
rieures. (Journal de M. Crelle, tome XXXIX.)

I .

des z dans le sens de la pesanteur, et en supposant, pour fixer les idées, que le mouvement ait d'abord lieu de bas en haut [*],

$$dt = \frac{- \mathrm{R}\, dz}{\sqrt{(\mathrm{R}^2 - z^2)\,(2gz + \mathrm{G}) - \mathrm{G}'^2}}.$$

Soient, au point de départ, z_0 la valeur de z, v_0 la vitesse, et ω l'angle que fait la direction de cette vitesse, avec la tangente horizontale menée à la sphère par le même point; les constantes G et G' auront pour expressions

$$\mathrm{G} = v_0^2 - 2gz_0, \quad \mathrm{G}' = v_0 \cos \omega \sqrt{\mathrm{R}^2 - z_0^2},$$

et, si l'on pose

$$\mathrm{G}' = c\sqrt{2g}, \quad v_0^2 = 2g\,(z_0 - h),$$

ce qui donne

$$\mathrm{G} = -2gh, \quad c^2 = (\mathrm{R}^2 - z_0^2)\,(z_0 - h)\cos^2 \omega,$$

il viendra

$$dt = \frac{\mathrm{R}}{\sqrt{2g}} \frac{- dz}{\sqrt{(\mathrm{R}^2 - z^2)\,(z - h) - c^2}}.$$

3. La quantité soumise au radical, lorsqu'on y remplace z successivement par

$$-\infty, \quad -\mathrm{R}, \quad z_0, \quad \mathrm{R},$$

prend les signes

$$+, \quad -, \quad +, \quad -;$$

en l'égalant à zéro, on trouverait donc pour z trois racines réelles : la plus grande comprise entre z_0 et R, la seconde entre $-\mathrm{R}$ et z_0, la troisième négative et plus grande que R en valeur absolue. Si l'on représente ces racines, dans l'ordre indiqué, par α, β et $-\gamma$, on aura

$$dt = \frac{\mathrm{R}}{\sqrt{2g}} \frac{- dz}{\sqrt{(\gamma + z)\,(\alpha - z)\,(z - \beta)}}.$$

On voit que, dans le cours du mouvement, z restera compris entre

---

[*] *Mécanique* de Poisson, tome Ier.

les limites α et β, et passera alternativement de l'une à l'autre, sans que le mobile s'arrête, puisque la vitesse de ce mobile sur la courbe qu'il décrit, savoir

$$v = \sqrt{2g(z-h)},$$

ne devient jamais nulle.

La relation, qui existe entre les racines et le coefficient du troisième terme de l'équation en z, donne

$$(\alpha + \beta)\,\gamma = \mathrm{R}^2 + \alpha\beta,$$

de sorte que la somme $\alpha + \beta$ est positive; par conséquent, il en est de même de α. La courbe décrite par le mobile est donc toujours située, au moins en partie, dans l'hémisphère inférieur. Pour qu'elle coupe la circonférence du grand cercle horizontal, il faut que le point de départ soit situé au-dessus de cette circonférence, ou bien que la vitesse initiale satisfasse à la condition

$$v_0^2 > 2\,g z_0 \frac{\mathrm{R}^2}{\mathrm{R}^2 \sin^2 \omega + z_0^2 \cos^2 \omega}.$$

4. Pour plus de simplicité, nous compterons le temps à partir de l'une des époques où le point matériel est le plus bas possible; nous aurons, à un instant quelconque,

$$t = \frac{\mathrm{R}}{\sqrt{2g}} \int_\alpha^z \frac{-\,dz}{\sqrt{(\gamma + z)(\alpha - z)(z - \beta)}}.$$

On peut poser

$$z = \alpha \cos^2 \varphi + \beta \sin^2 \varphi \quad \text{et} \quad k^2 = \frac{\alpha - \beta}{\alpha + \gamma},$$

k étant une quantité réelle et plus petite que l'unité; alors, si l'on désigne par u l'intégrale elliptique de première espèce dont l'amplitude est φ, et qui a pour module k, il viendra, d'après la notation de M. Jacobi,

$$\alpha - z = (\alpha - \beta) \sin^2 \operatorname{amp} u,$$
$$z - \beta = (\alpha - \beta) \cos^2 \operatorname{amp} u,$$
$$\gamma + z = (\alpha + \gamma) \Delta^2 \operatorname{amp} u;$$

en représentant par K l'intégrale complète, et en posant

$$T = \frac{2R}{\sqrt{2g(\alpha + \gamma)}}\, K,$$

on aura donc

$$u = \frac{K}{T}\, t \quad \text{et} \quad z = \alpha \cos^2 \operatorname{amp} u + \beta \sin^2 \operatorname{amp} u.$$

5. Appelons k' le complément $\sqrt{1 - k^2}$ du module k, K' l'intégrale complète qui a pour module k', et soient

$$q = e^{-\pi\frac{K'}{K}}, \quad x = \frac{\pi}{2K}\, u = \frac{\pi}{2T}\, t;$$

si l'on désigne par $\Theta(u)$ et par $H(u)$ les développements très-convergents

$$(1) \quad \Theta\left(\frac{2Kx}{\pi}\right) = 1 - 2q\cos 2x + 2q^4 \cos 4x - 2q^9 \cos 6x + \dots,$$

$$(2) \quad H\left(\frac{2Kx}{\pi}\right) = 2\sqrt[4]{q}\sin x - 2\sqrt[4]{q^9}\sin 3x + 2\sqrt[4]{q^{25}}\sin 5x - \dots,$$

et si l'on fait

$$\Theta(K - u) = \Theta_1(u), \quad H(K - u) = H_1(u),$$

on aura [*]

$$\sin \operatorname{amp} u = \frac{1}{\sqrt{k}}\frac{H(u)}{\Theta(u)},$$

$$\cos \operatorname{amp} u = \sqrt{\frac{k'}{k}}\frac{H_1(u)}{\Theta(u)},$$

$$\Delta \operatorname{amp} u = \sqrt{k'}\frac{\Theta_1(u)}{\Theta(u)},$$

et, par conséquent,

$$z = \frac{\alpha k' H_1^2(u) + \beta H^2(u)}{k\,\Theta^2(u)};$$

de sorte que z est connu en fonction de t.

6. Le temps que le point matériel emploie pour passer de l'un à

---

[*] *Fundamenta nova theoriæ Functionum ellipticarum* de M. Jacobi, page 183.

l'autre des deux plans horizontaux, qui limitent le mouvement dans le sens vertical, est T. Toutes les fois que t augmente de $2\,\mathrm{T}$, u augmente de $2\,\mathrm{K}$; or les formules (1) et (2) donnent

$$\Theta(2\,\mathrm{K} + u) = \Theta(u), \quad \mathrm{H}(2\,\mathrm{K} + u) = -\,\mathrm{H}(u);$$

z est donc une fonction périodique du temps, et la période est $2\,\mathrm{T}$.

Les mêmes formules donnent encore

$$\Theta(\mathrm{K} + u) = \Theta(\mathrm{K} - u), \quad \mathrm{H}(\mathrm{K} + u) = \mathrm{H}(\mathrm{K} - u);$$

par conséquent, z prend la même valeur, à des intervalles de temps égaux, avant et après la fin de chaque demi-période.

Pour

$$\operatorname{amp} u = \frac{\pi}{4},$$

on a

$$z = \frac{\alpha + \beta}{2},$$

et pour

$$\sin^2 \operatorname{amp} u = \frac{1}{1 + k'},$$

on a [*]

$$u = \frac{\mathrm{K}}{2} \quad \text{et} \quad z = \frac{\beta + k'\alpha}{1 + k'}.$$

Ainsi, au milieu d'une demi-période, le mobile ne se trouve pas à égale distance des deux plans limites, mais au-dessus de cette position.

7. L'expression de z peut être elle-même développée en série; car, si l'on pose

$$\mathrm{A} = \frac{q}{(1 - q)^2} + \frac{q^3}{(1 - q^3)^2} + \frac{q^5}{(1 - q^5)^2} + \cdots,$$

$$\mathrm{B} = \frac{q}{(1 + q)^2} + \frac{q^3}{(1 + q^3)^2} + \frac{q^5}{(1 + q^5)^2} + \cdots,$$

---

[*] *Traité des Fonctions elliptiques* de Legendre, tome Ier.

on aura [*]

$$\frac{1}{2}\left(\frac{k\,\mathrm{K}}{\pi}\right)^{2} \sin^{2} \operatorname{amp} \frac{2\,\mathrm{K}x}{\pi} = \mathrm{A} - \frac{q\cos 2x}{1-q^{2}} - \frac{2\,q^{2}\cos 4x}{1-q^{4}} - \frac{3\,q^{3}\cos 6x}{1-q^{6}} - \cdots,$$

$$\frac{1}{2}\left(\frac{k\,\mathrm{K}}{\pi}\right)^{2} \cos^{2} \operatorname{amp} \frac{2\,\mathrm{K}x}{\pi} = \mathrm{B} + \frac{q\cos 2x}{1-q^{2}} + \frac{2\,q^{2}\cos 4x}{1-q^{4}} + \frac{3\,q^{3}\cos 6x}{1-q^{6}} + \cdots,$$

et, par conséquent,

$$\frac{1}{2}\left(\frac{k\,\mathrm{K}}{\pi}\right)^{2} z = \mathrm{A}\beta + \mathrm{B}\alpha + (\alpha - \beta)\left(\frac{q\cos 2x}{1-q^{2}} + \frac{2\,q^{2}\cos 4x}{1-q^{4}} + \frac{3\,q^{3}\cos 6x}{1-q^{6}} + \cdots\right).$$

8. Ce développement sera d'autant plus convergent, que α diffé-
rera moins de β, ou que la courbe suivie par le mobile s'écartera
moins d'un petit cercle horizontal ; mais lorsque c sera voisin de zéro,
et h de $-\mathrm{R}$, c'est-à-dire lorsque le mobile décrira sensiblement, d'un
mouvement très-lent, le grand cercle vertical qui passe par le point
de départ, il sera plus avantageux de développer la valeur de z suivant
les puissances de la quantité

$$q' = e^{-\pi\frac{\mathrm{K}}{\mathrm{K}'}} = e^{\frac{\pi^{2}}{\log q}},$$

qui sera alors peu différente de zéro. Or, à cause de la formule [**]

$$\cos \operatorname{amp}(u,\,k) = \sec \operatorname{amp}(iu,\,k'),$$

dans laquelle i représente le radical imaginaire $\sqrt{-1}$, cette valeur de z
peut s'écrire

$$z = \beta + (\alpha - \beta)\sec^{2}\operatorname{amp}(iu,\,k');$$

on a, d'ailleurs [***],

$$\frac{1}{2}\left(\frac{k'\,\mathrm{K}}{\pi}\right)^{2} \sec^{2} \operatorname{amp} \frac{2\,\mathrm{K}x}{\pi} = -\mathrm{B} + \frac{1}{8\cos^{2}x} + \frac{q^{2}\cos 2x}{1-q^{2}}$$
$$- \frac{2\,q^{4}\cos 4x}{1-q^{4}} + \frac{3\,q^{6}\cos 6x}{1-q^{6}} - \cdots.$$

Si l'on combine cette équation avec la précédente, après avoir rem-

---

[*] *Fundamenta nova, etc.*, page 110.
[**] *Fundamenta nova, etc.*, page 34.
[***] *Fundamenta nova, etc.*, page 113.

placé x par $\frac{\pi u}{2\mathrm{K}}$, puis u par iu, et k par k', on trouvera, en tenant compte de la relation

$$2\cos\frac{ni\pi u}{2\,\mathrm{K}'} = e^{n\frac{\pi u}{2\,\mathrm{K}'}} + e^{-n\frac{\pi u}{2\,\mathrm{K}'}} = q'^{-n\frac{x}{\pi}} + q'^{\,n\frac{x}{\pi}},$$

et en représentant par B' ce que devient B, lorsqu'on y met q' au lieu de q,

$$\left(\frac{k\,\mathrm{K}'}{\pi}\right)^2\frac{z-\beta}{\alpha-\beta} = -2\,\mathrm{B}' + \frac{1}{\left(q'^{-\frac{x}{\pi}} + q'^{\frac{x}{\pi}}\right)^2} + q'^2\,\frac{q'^{-\frac{2x}{\pi}} + q'^{\frac{2x}{\pi}}}{1-q'^2}$$

$$- 2\,q'^4\,\frac{q'^{-\frac{4x}{\pi}} + q'^{\frac{4x}{\pi}}}{1-q'^4} + 3q'^6\,\frac{q'^{-\frac{6x}{\pi}} + q'^{\frac{6x}{\pi}}}{1-q'^6} - \ldots.$$

Calcul de l'angle ψ.

9. De l'équation que fournit le principe des aires, appliqué au plan horizontal, savoir,

$$r^2\frac{d\psi}{dt} = \mathrm{G}',$$

on tire, en remplaçant r^2 ou $\mathrm{R}^2 - z^2$ et dt par leurs valeurs,

$$d\psi = \frac{c}{\sqrt{\alpha+\gamma}}\,\frac{2\,\mathrm{R}\,du}{[\mathrm{R}+\alpha-(\alpha-\beta)\sin^2\mathrm{amp}\,u]\,[\mathrm{R}-\alpha+(\alpha-\beta)\sin^2\mathrm{amp}\,u]}.$$

Si l'on intègre, après avoir décomposé en fractions simples, on aura donc

$$\psi = \frac{c}{\sqrt{\alpha+\gamma}}\int_0^u \frac{du}{\mathrm{R}+\alpha-(\alpha-\beta)\sin^2\mathrm{amp}\,u}$$

$$+ \frac{c}{\sqrt{\alpha+\gamma}}\int_0^u \frac{du}{\mathrm{R}-\alpha+(\alpha-\beta)\sin^2\mathrm{amp}\,u}.$$

Dans le coefficient de la première intégrale, remplaçons la constante c par sa valeur

$$c = \sqrt{(\mathrm{R}+\alpha)(\mathrm{R}+\beta)(\gamma-\mathrm{R})},$$

2

déduite de l'équation

$$(3) \qquad (R^2 - z^2)(z - h) - c^2 = (\gamma + z)(\alpha - z)(z - \beta),$$

en y faisant $z = -R$, et décomposons la fraction, qui est sous le signe somme, en deux autres, dont l'une ait en numérateur $\sin^2 \operatorname{amp} u$; cette intégrale deviendra

$$\frac{\sqrt{(\gamma - R)(R + \beta)}}{\sqrt{(\alpha + \gamma)(R + \alpha)}} u + \frac{(\alpha - \beta)\sqrt{(\gamma - R)(R + \beta)}}{(R + \alpha)\sqrt{(\gamma + \alpha)(R + \alpha)}} \int_0^u \frac{\sin^2 \operatorname{amp} u\, du}{1 - \dfrac{\alpha - \beta}{R + \alpha} \sin^2 \operatorname{amp} u}.$$

Or, soit μ un angle compris entre 0 et $\dfrac{\pi}{2}$, et tel que l'on ait

$$\operatorname{tang} \mu = \sqrt{\frac{\gamma - R}{R + \beta}};$$

si l'on pose

$$a = \int_0^\mu \frac{d\varphi}{\sqrt{1 - k'^2 \sin^2 \varphi}},$$

on aura

$$\sin \operatorname{amp}(a, k') = \sqrt{\frac{\gamma - R}{\beta + \gamma}},$$
$$\cos \operatorname{amp}(a, k') = \sqrt{\frac{R + \beta}{\beta + \gamma}},$$
$$\Delta \operatorname{amp}(a, k') = \sqrt{\frac{R + \alpha}{\alpha + \gamma}};$$

les formules [*]

$$\sin \operatorname{amp}(iu) = i \operatorname{tang} \operatorname{amp}(u, k'),$$
$$\cos \operatorname{amp}(iu) = \frac{1}{\cos \operatorname{amp}(u, k')},$$
$$\Delta \operatorname{amp}(iu) = \frac{\Delta \operatorname{amp}(u, k')}{\cos \operatorname{amp}(u, k')},$$

donneront donc ici

$$\sin \operatorname{amp}(ia) = i \sqrt{\frac{\gamma - R}{R + \beta}},$$
$$\cos \operatorname{amp}(ia) = \sqrt{\frac{\beta + \gamma}{R + \beta}},$$
$$\Delta \operatorname{amp}(ia) = k' \sqrt{\frac{R + \alpha}{R + \beta}}.$$

---

[*] *Fundamenta nova,* etc., page 34.

D'ailleurs, si l'on applique aux intégrales ia et K les formules d'addition, on trouve

$$\sin \operatorname{amp}(ia + K) = \frac{\cos \operatorname{amp}(ia)}{\Delta \operatorname{amp}(ia)},$$

$$\cos \operatorname{amp}(ia + K) = -\frac{k' \sin \operatorname{amp}(ia)}{\Delta \operatorname{amp}(ia)},$$

$$\Delta \operatorname{amp}(ia + K) = \frac{k'}{\Delta \operatorname{amp}(ia)};$$

ou bien, en ayant égard aux valeurs précédentes,

$$\sin \operatorname{amp}(ia + K) = \sqrt{\frac{\alpha + \gamma}{R + \alpha}},$$

$$\cos \operatorname{amp}(ia + K) = -i\sqrt{\frac{\gamma - R}{R + \alpha}},$$

$$\Delta \operatorname{amp}(ia + K) = \sqrt{\frac{R + \beta}{R + \alpha}}.$$

On a donc

$$\frac{\sqrt{(\gamma - R)(R + \beta)}}{\sqrt{(\alpha + \gamma)(R + \alpha)}} = \frac{i \cos \operatorname{amp}(ia + K)(\Delta \operatorname{amp}(ia + K))}{\sin \operatorname{amp}(ia + K)},$$

$$\frac{\alpha - \beta}{R + \alpha} = k^2 \sin^2 \operatorname{amp}(ia + K),$$

$$\frac{(\alpha - \beta)\sqrt{(\gamma - R)(R + \beta)}}{(R + \alpha)\sqrt{(\gamma + \alpha)(R + \alpha)}} = i k^2 \sin \operatorname{amp}(ia + K) \cos \operatorname{amp}(ia + K);$$

et si l'on pose, avec M. Jacobi,

$$\Pi(u, a) = \int_0^u \frac{k^2 \sin \operatorname{amp} a \, \cos \operatorname{amp} a \, \Delta \operatorname{amp} a \, \sin^2 \operatorname{amp} u \, du}{1 - k^2 \sin^2 \operatorname{amp} a \, \sin^2 \operatorname{amp} u},$$

l'intégrale ci-dessus deviendra

$$\frac{i \cos \operatorname{amp}(ia + K) \, \Delta \operatorname{amp}(ia + K)}{\sin \operatorname{amp}(ia + K)} + i \Pi(u, ia + K).$$

La formule qui exprime les fonctions Π, au moyen de la transcendante Θ, est [**]

$$\Pi(u, a) = \frac{d \log \Theta(a)}{da} u + \frac{1}{2} \log \frac{\Theta(u - a)}{\Theta(u + a)};$$

---

[*] *Fundamenta nova, etc.*, page 146.

on a d'ailleurs

$$\frac{i \cos \operatorname{amp}(ia + \mathrm{K})\, \Delta \operatorname{amp}(ia + \mathrm{K})}{\sin \operatorname{amp}(ia + \mathrm{K})} = \frac{d \log \sin \operatorname{amp}(ia + \mathrm{K})}{da}$$

$$= \frac{d \log \mathrm{H}_{\iota}(ia)}{da} - \frac{d \log \Theta_{\iota}(ia)}{da};$$

en effectuant les substitutions, on trouvera donc, pour la première intégrale,

$$\frac{d \log \mathrm{H}_{\iota}(ia)}{da}\, u - \frac{1}{2i} \log \frac{\Theta_{\iota}(u - ia)}{\Theta_{\iota}(u + ia)}.$$

La seconde intégrale se calcule d'une manière analogue; seulement il faut prendre, pour la constante c, l'expression

$$c = \sqrt{(\mathrm{R} - \alpha)(\mathrm{R} - \beta)(\gamma + \mathrm{R})},$$

obtenue en faisant $z = \mathrm{R}$ dans l'équation (3), et donner au paramètre la forme $-k^2 \sin^2 \operatorname{amp}(ia_{\iota})$; à cet effet, on pose

$$\tan \mu_{\iota} = \sqrt{\frac{\alpha + \gamma}{\mathrm{R} - \alpha}}, \qquad a_{\iota} = \int_0^{\mu_{\iota}} \frac{d\varphi}{\sqrt{1 - k'^2 \sin^2 \varphi}},$$

μ_{ι} étant un angle compris entre 0 et $\dfrac{\pi}{2}$, et l'on obtient pour dernier résultat

$$\frac{d \log \mathrm{H}(ia_{\iota})}{da_{\iota}}\, u + \frac{1}{2i} \log \frac{\Theta(u + ia_{\iota})}{\Theta(u - ia_{\iota})}.$$

L'angle ψ étant la somme des deux intégrales, si l'on pose

$$\frac{\Psi}{\mathrm{K}} = \frac{d \log \mathrm{H}(ia_{\iota})}{da_{\iota}} + \frac{d \log \mathrm{H}_{\iota}(ia)}{da},$$

$$\psi' = \frac{1}{2i} \log \frac{\Theta(u + ia_{\iota})}{\Theta(u - ia_{\iota})} - \frac{1}{2i} \log \frac{\Theta_{\iota}(u - ia)}{\Theta_{\iota}(u + ia)},$$

on aura

$$\psi = \frac{\Psi}{\mathrm{K}}\, u + \psi'.$$

10. Puisque $\Theta(u)$ et $\Theta_{\iota}(u)$ conservent leurs valeurs lorsque u augmente de $2\mathrm{K}$, ψ' est une fonction périodique du temps. L'angle ψ se compose donc d'une partie proportionnelle au temps et d'une partie périodique; et si l'on imagine que, dans le plan horizontal, sur lequel est projetée la courbe décrite par le mobile, l'axe polaire tourne autour du centre de la sphère avec une vitesse angulaire constante $\frac{\Psi}{T}$, le rayon vecteur de la projection oscillera de part et d'autre de cette droite. Pour $t = 0$, $2T$, $3T$, etc., on a $\psi' = 0$; de plus, pour deux valeurs de t égales à un multiple quelconque de T, augmenté ou diminué de la même quantité, ψ' prend deux valeurs égales et de signes contraires. Ainsi, à la fin de chaque demi-période, le rayon vecteur est revenu coïncider avec l'axe mobile, dont il s'était d'abord écarté, et pendant la demi-période suivante, il exécute le même mouvement, mais de l'autre côté de cette droite, les écarts se reproduisant symétriquement et dans un ordre inverse.

De la fin d'une demi-période au commencement de la demi-période suivante, l'angle décrit réellement par le rayon vecteur est Ψ.

11. Pour obtenir le développement en série de $\frac{\Psi}{K}$, faisons

$$\frac{2 K x}{\pi} = ia,$$

dans la formule [*]

$$4) \quad \frac{H\left(\dfrac{2 K x}{\pi}\right)}{} = \frac{2\sqrt[4]{q}\,\Theta(0)}{\left[(1-q)(1-q^3)(1-q^5)\ldots\right]^2} \sin x\,(1 - 2q^2\cos 2x + q^4)(1 - 2q^4\cos 2x + q^8)(1 - 2q^6\cos 2x + q^{12})\ldots,$$

et posons

$$a_1 = b_1 K',$$

b_1 étant un nombre compris entre zéro et l'unité. Nous aurons, en remplaçant les cosinus d'arcs imaginaires par des exponentielles,

$$H(ia_1) = \frac{i\sqrt[4]{q}\,\Theta(0)}{\left[(1-q)(1-q^3)(1-q^5)\ldots\right]^2}\, q^{-\frac{b_1}{2}} (1-q^{b_1})(1-q^{2-b_1})(1-q^{2+b_1})(1-q^{4-b_1})(1-q^{4+b_1})\ldots$$

Si l'on prend les logarithmes, et qu'on dérive par rapport à a_1, il

---

[*] *Fundamenta nova,* etc., page 172.

viendra

$$\frac{d \log \mathrm{H}\,(ia_{_1})}{da_{_1}} = \frac{\pi}{\mathrm{K}} \left(\begin{array}{l} \frac{1}{2} + \dfrac{q^{b_{_1}}}{1-q^{b_{_1}}} - \dfrac{q^{2-b_{_1}}}{1-q^{2-b_{_1}}} \\[2mm] + \dfrac{q^{2+b_{_1}}}{1-q^{2+b_{_1}}} - \dfrac{q^{4-b_{_1}}}{1-q^{4-b_{_1}}} + \dfrac{q^{4+b_{_1}}}{1-q^{4+b_{_1}}} - \ldots \end{array} \right).$$

De cette expression, on déduit celle de $\dfrac{d \log \mathrm{H}_{_1}\,(ia)}{da}$, en remplaçant $ia_{_1}$ par $\mathrm{K} - ia$, ou $b_{_1}$ par $\dfrac{i\pi}{\log q} - b$; et comme on a

$$\pm\, i\pi = \log(-1),$$

cela revient à remplacer $q^{b_{_1}}$ par $-q^{b}$, et $q^{-b_{_1}}$ par $-q^{-b}$. On trouvera donc

$$\frac{d \log \mathrm{H}_{_1}\,(ia)}{da} = \frac{\pi}{\mathrm{K}} \left(\begin{array}{l} \frac{1}{2} - \dfrac{q^{b}}{1-q^{b}} + \dfrac{q^{2-b}}{1+q^{2-b}} \\[2mm] - \dfrac{q^{2+b}}{1+q^{2+b}} + \dfrac{q^{4-b}}{1+q^{4-b}} - \dfrac{q^{4+b}}{1+q^{4+b}} + \ldots \end{array} \right).$$

La somme de ces deux séries surpasse $\dfrac{\pi}{2\,\mathrm{K}}$; ainsi, l'angle que nous avons représenté par Ψ est toujours plus grand que $\dfrac{\pi}{2}$. C'est ce qui a été démontré d'une autre manière par M. Puiseux [*].

12. Outre les développements qui précèdent, il convient d'en avoir d'autres, suivant les puissances de q', pour le cas où le module k serait voisin de l'unité. Les formules [**]

$$(5) \quad \left\{ \begin{array}{l} \mathrm{H}\,(iu, k) = i\sqrt{\dfrac{\mathrm{K}}{\mathrm{K}'}}\, e^{\frac{\pi u^2}{4\mathrm{KK}'}}\, \mathrm{H}\,(u, k'), \\[4mm] \mathrm{H}_{_1}\,(iu, k) = \sqrt{\dfrac{\mathrm{K}}{\mathrm{K}'}}\, e^{\frac{\pi u^2}{4\mathrm{KK}'}}\, \Theta\,(u, k'), \end{array} \right.$$

---

[*] *Journal de Mathématiques pures et appliquées,* tome VII.
[**] *Fundamenta nova, etc.,* page 175.

(15)

jointes à l'équation (4), et à la suivante [*],

$$
\Theta\left(\frac{2\,\mathrm{K}\,x}{\pi}\right)
$$
$$
= \frac{\Theta(0)}{[(1-q)(1-q^3)(1-q^5)\ldots]^2}\,(1-2q\cos 2x+q^2)(1-2q^3\cos 2x+q^6)(1-2q^5\cos 2x+q^{10})\ldots,
$$

permettent d'obtenir ces nouveaux développements, et donnent

$$
\frac{d\log \mathrm{H}(ia_1)}{da_1}=\frac{\pi\,b_1}{2\,\mathrm{K}}+\frac{\pi}{2\,\mathrm{K}'}\cot\frac{\pi\,b_1}{2}
$$
$$
+\frac{2\pi}{\mathrm{K}'}\sin\pi b_1\left(\frac{q'^2}{1-2q'^2\cos\pi b_1+q'^4}+\frac{q'^4}{1-2q'^4\cos\pi b_1+q'^8}+\ldots\right),
$$
$$
\frac{d\log \mathrm{H}_1(ia)}{da}=\frac{\pi\,b}{2\,\mathrm{K}}
$$
$$
+\frac{2\pi}{\mathrm{K}'}\sin\pi b\cdot\left(\frac{q'}{1-2q'\cos\pi b+q'^2}+\frac{q'^3}{1-2q'^3\cos\pi b+q'^6}+\ldots\right).
$$

13. Chacun des facteurs du second membre de l'équation (6) peut s'écrire

$$
1-2q^n\cos 2x+q^{2n}=(1-q^n e^{2ix})(1-q^n e^{-2ix}),
$$

n étant un nombre entier quelconque. En remplaçant x par $x+\dfrac{b_1}{2i}\log q$, pour obtenir $\Theta(u+ia_1)$, et par $x-\dfrac{b_1}{2i}\log q$, pour obtenir $\Theta(u-ia_1)$, puis, en divisant le premier résultat par le second, on trouve

$$
\frac{1-q^{n-b_1}e^{-2ix}}{1-q^{n-b_1}e^{2ix}}\cdot\frac{1-q^{n+b_1}e^{2ix}}{1-q^{n+b_1}e^{-2ix}};
$$

or, si on représente la première de ces deux fractions par e^{2iy}, et la seconde par e^{-2iy_1}, il viendra

$$
y=\text{arc tang}\,\frac{q^{n-b_1}\sin 2x}{1-q^{n-b_1}\cos 2x},
$$
$$
y_1=\text{arc tang}\,\frac{q^{n+b_1}\sin 2x}{1-q^{n+b_1}\cos 2x};
$$

---

[*] *Fundamenta nova*, etc., page 172.

on a donc

$$\frac{1}{2i} \log \frac{\Theta(u + ia_1)}{\Theta(u - ia_1)} = \text{arc tang } \frac{q^{1-b_1} \sin 2x}{1 - q^{1-b_1} \cos 2x}$$

$$+ \text{ arc tang } \frac{q^{3-b_1} \sin 2x}{1 - q^{3-b_1} \cos 2x} + \text{arc tang } \frac{q^{5-b_1} \sin 2x}{1 - q^{5-b_1} \cos 2x} + \ldots$$

$$- \text{ arc tang } \frac{q^{1+b_1} \sin 2x}{1 - q^{1+b_1} \cos 2x} - \text{arc tang } \frac{q^{3+b_1} \sin 2x}{1 - q^{3+b_1} \cos 2x}$$

$$- \text{ arc tang } \frac{q^{5+b_1} \sin 2x}{1 - q^{5+b_1} \cos 2x} - \ldots$$

L'autre développement peut se déduire de celui-ci, en y remplaçant u par $K - u$, ou x par $\frac{\pi}{2} - x$, ce qui donne

$$\frac{1}{2i} \log \frac{\Theta_1(u - ia)}{\Theta_1(u + ia)} = \text{arc tang } \frac{q^{1-b} \sin 2x}{1 + q^{1-b} \cos 2x}$$

$$+ \text{ arc tang } \frac{q^{3-b} \sin 2x}{1 + q^{3-b} \cos 2x} + \text{arc tang } \frac{q^{5-b} \sin 2x}{1 + q^{5-b} \cos 2x} + \ldots$$

$$- \text{ arc tang } \frac{q^{1+b} \sin 2x}{1 + q^{1+b} \cos 2x} - \text{arc tang } \frac{q^{3+b} \sin 2x}{1 + q^{3+b} \cos 2x}$$

$$- \text{ arc tang } \frac{q^{5+b} \sin 2x}{1 + q^{5+b} \cos 2x} - \ldots$$

Comme on a, à l'origine du temps, $x = 0$ et $\psi' = 0$, on peut prendre pour chacun des arcs qui entrent dans ces formules celui qui s'annule en même temps que x.

14. Si l'on calcule $\text{tang}^2 \mu_1 - \text{tang}^2 \mu$, en ayant égard à la valeur $\frac{R^2 + \alpha\beta}{\alpha + \beta}$ de γ, on obtient un résultat qui est évidemment positif; on a donc toujours $\mu_1 > \mu$, et, par conséquent, $b_1 > b$. De là on conclut que la première des deux séries du numéro précédent l'emporte sur la seconde, lorsque t, abstraction faite des périodes, est compris entre zéro et T; l'angle ψ', qui est la différence entre les deux séries, est alors positif. Ainsi, pendant que le corps monte, le grand cercle vertical qui le contient est en avance sur le plan qui tournerait autour de l'axe des z avec la vitesse angulaire constante $\frac{\Psi}{T}$; le contraire a lieu lorsque le corps descend.

Le premier terme de la première série atteint son maximum lorsqu'on a $\cos 2x = q^{1-b_1}$, et devient alors arc sin q^{1-b_1}; l'écart est donc toujours moindre que arc sin q^{1-b_1}, et, à plus forte raison, que $\frac{\pi}{2}$.

En prenant la dérivée de ψ' par rapport à t, on obtiendrait la vitesse angulaire du mouvement d'oscillation; cette dérivée est négative pour $x = \frac{\pi}{4}$; par conséquent, au milieu de la première demi-période, l'écart va déjà en décroissant. Elle est aussi négative pour $x = \frac{\pi}{2} + \frac{\pi}{4}$: mais, comme alors ψ' est lui-même négatif, ce signe indique qu'au milieu de la seconde demi-période, l'écart n'a pas encore atteint son *maximum*.

15. On peut trouver, au moyen de la seconde des équations (5), les séries dont il faudrait se servir pour calculer ψ', si k était voisin de l'unité. On tire de cette équation

$$\frac{1}{2i} \log \frac{\Theta(u + ia_1)}{\Theta(u - ia_1)} = - \frac{\pi a_1 u}{2\,KK'} + \frac{1}{2i} \log \frac{H_1(a_1 - iu, k')}{H_1(a_1 + iu, k')},$$

et il vient, en développant,

$$\frac{1}{2i} \log \frac{\Theta(u + ia_1)}{\Theta(u - ia_1)} = \text{arc tang}\left(\frac{q'^{-\frac{x}{\pi}} - q'^{\frac{x}{\pi}}}{q'^{-\frac{x}{\pi}} + q'^{\frac{x}{\pi}}} \tang \frac{\pi b_1}{2} \right)$$

$$- b_1 x + \sum_{n=1}^{n=\infty} \left(\text{arc tang} \frac{\sin \pi b_1 . q'^{\,2n - \frac{2x}{\pi}}}{1 + \cos \pi b_1 . q'^{\,2n - \frac{2x}{\pi}}} - \text{arc tang} \frac{\sin \pi b_1 q'^{\,2n + \frac{2x}{\pi}}}{1 + \cos \pi b_1 . q'^{\,2n + \frac{2x}{\pi}}} \right).$$

En remplaçant, dans cette formule, x par $\frac{\pi}{2} - x$, et a_1 par a, on aura aussi

$$\frac{1}{2i} \log \frac{\Theta_1(u - ia)}{\Theta_1(u + ia)}$$

$$= bx - \sum_{n=0}^{n=\infty} \left(\text{arc tang} \frac{\sin \pi b q'^{\,2n + 1 - \frac{2x}{\pi}}}{1 + \cos \pi b q'^{\,2n + 1 - \frac{2x}{\pi}}} - \text{arc tang} \frac{\sin \pi b q'^{\,2n + 1 + \frac{2x}{\pi}}}{1 + \cos \pi b q'^{\,2n + 1 + \frac{2x}{\pi}}} \right).$$

16. De la valeur trouvée pour l'angle ψ', on déduit

$$e^{2i\psi'} = \frac{\Theta(u+ia_1)\,\Theta_1(u+ia)}{\Theta(u-ia_1)\,\Theta_1(u-ia)};$$

si l'on pose

$$R^2 = \Theta(u+ia_1)\,\Theta(u-ia_1)\,\Theta_1(u+ia)\,\Theta_1(u-ia),$$

il viendra donc, pour les lignes trigonométriques de cet angle,

$$\sin\psi' = \frac{\Theta(u+ia_1)\,\Theta_1(u+ia) - \Theta(u-ia_1)\,\Theta_1(u-ia)}{2\,i\,R};$$

$$\cos\psi' = \frac{\Theta_1(u+ia_1)\,\Theta_1(u+ia) + \Theta(u-ia_1)\,\Theta_1(u-ia)}{2\,R},$$

$$\tan\psi' = \frac{1}{i}\,\frac{\Theta(u+ia_1)\,\Theta_1(u+ia) - \Theta(u-ia_1)\,\Theta_1(u-ia)}{\Theta(u+ia_1)\,\Theta_1(u+ia) + \Theta(u-ia_1)\,\Theta_1(u-ia)}.$$

En appliquant la formule (1) aux fonctions (Θ), qui entrent dans ces expressions, et en posant

$$P_1 = 1 - q^{1-b_1}(1+q^{2b_1})\cos 2x + q^{4-2b_1}(1+q^{4b_1})\cos 4x$$
$$- q^{9-3b_1}(1+q^{6b_1})\cos 6x + \ldots,$$

$$Q_1 = q^{1-b_1}(1-q^{2b_1})\sin 2x - q^{4-2b_1}(1-q^{4b_1})\sin 4x$$
$$+ q^{9-3b_1}(1-q^{6b_1})\sin 6x - \ldots,$$

$$P = 1 + q^{1-b}(1+q^{2b})\cos 2x + q^{4-2b}(1+q^{4b})\cos 4x$$
$$+ q^{9-3b}(1+q^{6b})\sin 6x + \ldots,$$

$$Q = q^{1-b}(1-q^{2b})\sin 2x + q^{4-2b}(1+q^{4b})\sin 4x$$
$$+ q^{9-3b}(1-q^{6b})\sin 6x + \ldots,$$

on trouvera

$$R^2 = (P^2+Q^2)(P_1^2+Q_1^2), \quad \sin\psi' = \frac{PQ_1 - QP_1}{R},$$

$$\cos\psi' = \frac{PP_1 + QQ_1}{R}, \qquad \tan\psi' = \frac{PQ_1 - QP_1}{PP_1 + QQ_1}.$$

On obtiendrait des développements suivant les puissances de q', pour le cas où q serait voisin de l'unité, en partant de la double formule

$$\Theta\,(u \pm ia,\, k) = \sqrt{\frac{K}{K'}}\, e^{-\frac{\pi\,(u \pm ia)^2}{4\,KK'}}\, H_1\,(a \mp iu,\, k'),$$

qui est donnée par l'équation (5).

17. Le mobile étant rapporté à l'axe des z et à deux axes horizontaux des x' et des y' perpendiculaires entre eux, et passant par le centre de la sphère, on aurait

$$x_1 = r \cos \psi',\quad y' = r \sin \psi',$$

et les trois coordonnées seraient des fonctions périodiques du temps, si les deux derniers axes tournaient autour de l'origine avec la vitesse angulaire $\frac{\Psi}{T}$. L'abscisse et l'ordonnée seraient

$$x = x' \cos \frac{\Psi}{T} t - y' \sin \frac{\Psi}{T} t,\quad y = y' \cos \frac{\Psi}{T} t + x' \sin \frac{\Psi}{T} t,$$

si l'on prenait deux axes fixes, dont le premier fût situé dans le plan du grand cercle vertical qui passe par le point de départ.

Calcul de l'arc s.

18. La vitesse du mobile, à un instant quelconque, est, en fonction de u,

$$\frac{ds}{dt} = \sqrt{2\,g}\,\sqrt{\gamma - \beta - (\alpha - \beta)\sin^2 \operatorname{amp} u}\,;$$

de cette équation on tire, en remplaçant dt par sa valeur proportionnelle à du, et en intégrant,

$$\frac{s}{2\,R} = \sqrt{\frac{\gamma - \beta}{\alpha + \beta}} \int_0^u \sqrt{1 - \frac{\alpha - \beta}{\gamma - \beta} \sin^2 \operatorname{amp} u}\; du.$$

Pour ramener cette expression aux fonctions elliptiques, posons

$$l^2 = \frac{\alpha^2 - \beta^2}{\gamma^2 - \beta^2}$$

et

$$(7) \qquad \operatorname{amp}(v,\, l) = \frac{\pi}{2} - \operatorname{comp\,amp}(u,\, k);$$

3..

nous aurons, en différentiant,

$$\Delta \operatorname{comp\,amp}(u,\,k)\,du = \Delta\operatorname{amp}(\mathrm{v},\,l)\,d\mathrm{v};$$

D'ailleurs, les formules d'addition appliquées aux deux fonctions k et $u-k$ donnent

$$\sin\operatorname{amp} u = \frac{\cos\operatorname{comp\,amp} u}{\Delta\operatorname{comp\,amp} u};$$

on peut donc obtenir $\sin\operatorname{amp} u$ et du, en fonction de v, au moyen de l'équation (7). Si l'on effectue les substitutions dans la valeur de $\frac{s}{2\,\mathrm{R}}$, on trouvera

$$\frac{s}{2\,\mathrm{R}} = \frac{kk'}{\sqrt{k^2 + k'^2\,l^2}}\int_o^{\mathrm{v}}\frac{\Delta^2\operatorname{amp}(\mathrm{v},\,l)}{k'^2 + k^2\sin^2\operatorname{amp}(\mathrm{v},\,l)}\,d\mathrm{v};$$

puis, en posant

$$l'^2 = 1 - l^2, \quad \operatorname{tang}\nu = \frac{k}{k'l}\quad \varepsilon = \int_{\cdot}^{\nu}\frac{d}{\sqrt{1 - l'^2\sin^2\varphi}},$$

et en appliquant la formule relative aux fonctions Π,

$$\frac{s}{2\,\mathrm{R}} = \frac{d\log\mathrm{H}_{\cdot}(i\varepsilon)}{d\varepsilon}\mathrm{v} + \frac{1}{2\,i}\log\frac{\Theta(\mathrm{v}+i\varepsilon)}{\Theta(\mathrm{v}-i\varepsilon)}.$$

19. La quantité auxiliaire v n'est pas, comme u, proportionnelle au temps; mais c'est une intégrale elliptique de première espèce, dont on connaît le module l, et dont l'amplitude est donnée par l'équation (7). En vertu de cette équation, le développement de $\operatorname{amp}(\mathrm{v},\,l)$ s'obtiendra, en remplaçant dans la formule[*]

$$\operatorname{amp}\frac{(2\,\mathrm{K}x)}{\pi} = x + \frac{2\,q\sin 2\,x}{1+q^2} + \frac{2\,q^2\sin 4\,x}{2\,(1+q^4)} + \frac{2\,q^3\sin 6\,x}{3\,(1+q^6)} + \ldots,$$

x par $x - \frac{\pi}{2}$, et en ajoutant $\frac{\pi}{2}$ au second membre, ce qui donnera

$$\operatorname{amp}(\mathrm{v},\,l) = x - \frac{2\,q\sin 2\,x}{1+q^2} - \frac{2\,q^2\sin 4\,x}{2\,(1+q^4)} - \frac{2\,q^3\sin 6\,x}{3\,(1+q^6)}\ldots.$$

---

[*] *Fundamenta nova*, etc., page 102.

20. On a en même temps $u = 0$ et $v = 0$, $u = K$ et $v = L$, L représentant la fonction complète dont le module est l; de plus, si u augmente de 2 K, v augmentera de 2 L, de sorte que l'expression $\frac{v}{L} - \frac{u}{K}$ ne change pas, lorsque le temps augmente de 2 T. On a donc

$$v = \frac{L}{K} u + v',$$

v' étant une fonction périodique du temps. Pour la même raison, la valeur de $\frac{1}{2i} \log \frac{\Theta(v + i\varepsilon)}{\Theta(v - i\varepsilon)}$ ne change pas, lorsque t augmente de 2 T; par conséquent, si on pose

$$S = 2\,RL \frac{d \log H_1(i\varepsilon)}{d\varepsilon}, \qquad s' = \frac{S}{L} v' + \frac{R}{i} \log \frac{\Theta(v + i\varepsilon)}{\Theta(v - i\varepsilon)},$$

d'où il résulte

$$s = \frac{S}{K} u + s',$$

on aura décomposé s en deux parties, l'une proportionnelle au temps, et l'autre périodique. Ainsi, le mouvement du point matériel, sur la courbe qu'il décrit, est un mouvement d'oscillation périodique, effectué de part et d'autre, d'un point fictif qui glisserait sur cette courbe avec la vitesse constante $\frac{S}{T}$. S représente la longueur de l'arc compris entre deux sommets.

Cette longueur est toujours plus grande que πR, et inférieure à

$$2\pi R \frac{e^{\frac{\pi\varepsilon}{L}} - 1}{e^{\frac{\pi\varepsilon}{L}} + 1}.$$

Cas particuliers du mouvement.

21. Les formules précédemment obtenues s'appliquent aux cas limites.

Supposons d'abord, comme dans le cas traité par Huyghens, que la vitesse initiale soit dirigée horizontalement, et ait pour valeur

$$v_0 = \sqrt{\frac{g\,(\mathrm{R}^2 - z_0^2)}{2\,z_0}},$$

ce qui suppose que le point de départ appartienne à l'hémisphère inférieur ; il viendra

$$\alpha = z_0 = \beta, \quad k = 0, \quad \mathrm{K} = \frac{\pi}{2}, \quad \mathrm{K}' = \infty, \quad q = 0;$$

le développement de z, dans lequel on a

$$\mathrm{A} + \mathrm{B} = \frac{1}{2}\left(\frac{k\,\mathrm{K}}{\pi}\right)^2,$$

donnera donc

$$z = \alpha,$$

comme on devait s'y attendre.

Il vient aussi

$$b = 0, \quad b_1 = 0;$$

d'où il résulte

$$\psi' = 0 \quad \text{et} \quad \frac{\Psi}{\mathrm{K}} = \lim\frac{1 - q^b}{1 + q^b} + \lim\frac{1 + q^{b_1}}{1 - q^{b_1}};$$

or, pour $k = 0$, on a

$$\frac{1 - q^b}{1 + q^b} = \frac{e^a - e^{-a}}{e^a + e^{-a}} = i\,\mathrm{tang}\,(ia) = i\,\mathrm{tang\,amp}\,(ia).$$

Cette dernière expression peut être remplacée par $\sin\mathrm{amp}\,(a, k')$, ou par $\sin\mu$; on aura donc

$$\lim\frac{1 - q^b}{1 + q^b} = \sqrt{\frac{\gamma - \mathrm{R}}{\gamma + \alpha}}.$$

On trouvera de même

$$\lim\frac{1 + q^{b_1}}{1 - q^{b_1}} = \frac{1}{\sin\mu_1} = \sqrt{\frac{\gamma + \mathrm{R}}{\gamma + \alpha}};$$

d'où il résulte

$$\frac{\Psi}{\mathrm{K}} = \frac{2\,\mathrm{R}}{\sqrt{2\,\alpha\,(\gamma + \alpha)}} \quad \text{et} \quad \psi = \sqrt{\frac{g}{\alpha}}\,t;$$

ce qui s'accorde avec les résultats connus [*].

---

[*] *Mécanique analytique*, tome Ier, page 205.

Pour $\alpha = \beta$, on a aussi

$$l = 0,$$

et, par conséquent,

$$\nu = u;$$

il vient, de plus,

$$\frac{d \log \mathrm{H}_1(i\varepsilon)}{d\varepsilon} = \sin \nu = \frac{\sqrt{\mathrm{R}^2 - \alpha^2}}{\sqrt{2\,\alpha\,(\gamma + \alpha)}}, \quad \text{et} \quad s = \sqrt{\frac{g}{\alpha}(\mathrm{R}^2 - \alpha^2)}\, t.$$

22. Si la vitesse initiale est nulle, ou si elle est tangente à un grand cercle vertical, le mouvement s'effectuera sur la circonférence de ce cercle, et l'on aura

$$\alpha = \gamma = \mathrm{R}, \quad \beta = h;$$

d'où

$$\mathrm{T} = \mathrm{K}\sqrt{\frac{\mathrm{R}}{g}}, \quad u = \sqrt{\frac{g}{\mathrm{R}}}\, t, \quad z = \mathrm{R} - (\mathrm{R} - h)\sin^2 \mathrm{amp}\, u;$$

c'est le cas du pendule circulaire. Il n'y a pas lieu alors à chercher l'angle ψ.

L'arc s se calculera en faisant $l' = 0$ dans les développements qui ont été donnés pour le cas où le module serait voisin de l'unité; ces développements deviendront

$$\frac{d \log \mathrm{H}_1(i\varepsilon)}{d\varepsilon} = 0, \quad \frac{1}{2\,i} \log \frac{\Theta\,(\mathrm{v} + i\varepsilon)}{\Theta\,(\mathrm{v} - i\varepsilon)} = \lim \operatorname{arc\,tang} \left(\frac{e^{\mathrm{v}} - e^{-\mathrm{v}}}{e^{\mathrm{v}} + e^{-\mathrm{v}}} \operatorname{tang} \frac{\pi\,\varepsilon}{2\,\mathrm{L}'}\right).$$

Or, on a ici

$$\operatorname{tang} \frac{\pi\,\varepsilon}{2\,\mathrm{L}'} = \frac{k'}{k}, \quad \mathrm{v} = \log \operatorname{tang}\left(\frac{\pi}{4} + \frac{\mathrm{amp}\,\mathrm{v}}{2}\right) = \log \cot \frac{\operatorname{comp}\,\mathrm{amp}\,u}{2};$$

d'où l'on tire

$$\frac{e^{\mathrm{v}} - e^{-\mathrm{v}}}{e^{\mathrm{v}} + e^{-\mathrm{v}}} = \cos \operatorname{comp} \mathrm{amp}\, u = \frac{k' \sin \mathrm{amp}\, u}{\Delta\, \mathrm{amp}\, u};$$

il viendra donc, par la substitution,

$$s = 2\,\mathrm{R} \arcsin(k \sin \mathrm{amp}\, u) = 2\,\mathrm{R}\, \mathrm{amp}\left(ku, \frac{1}{k}\right).$$

23. Soit, de plus, $h = -\mathrm{R}$; on aura $k = 1$, $\mathrm{T} = \infty$, de sorte que le mobile s'approchera indéfiniment du point le plus haut de la sphère, où sa vitesse serait nulle, sans jamais l'atteindre; c'est le seul cas où la périodicité disparaisse : alors la quantité auxiliaire v est nulle, mais le rapport de $\dfrac{e^{v}-e^{-v}}{e^{v}+e^{-v}}$ à k' reste déterminé en fonction de u, et il vient

$$ z = \mathrm{R}\left[1 - 2 \left(\frac{e^{u}-e^{-u}}{e^{u}+e^{-u}} \right)^{2} \right], \quad s = 2\,\mathrm{R}\ \text{arc}\ \sin \frac{e^{u}-e^{-u}}{e^{u}+e^{-u}}. $$

Mouvement d'une ligne matérielle pesante autour d'un de ses points.

24. Le mouvement d'un point matériel pesant sur une sphère serait réalisé en supposant ce point fixé au centre par une ligne inflexible et sans masse. Si l'on ne fait plus abstraction de la masse de cette ligne, les formules données plus haut ne seront pas immédiatement applicables, mais on pourra toujours déterminer sur la tige un point dont le mouvement sera le même que celui d'un pendule simple [*].

Soient m la masse d'un point quelconque de la tige, w sa vitesse, ρ sa distance au point de suspension, ζ la projection sur une verticale de cette distance, comptée dans le sens de la pesanteur ; si l'on appelle w_0 et ζ_0 les valeurs initiales de w et de ζ, le principe des forces vives donnera

$$ (8) \qquad \Sigma\, m\,(w^{2} - w_0^{2}) = 2g\, \Sigma\, m\,(\zeta - \zeta_0). $$

Considérons un point particulier de la tige, pour lequel les quantités ρ, ζ, w, ζ_0 et w_0 soient respectivement égales à R, z, v, z_0 et v_0 ; nous aurons

$$ \frac{w}{v} = \frac{w_0}{v_0} = \frac{\zeta}{z} = \frac{\zeta_0}{z_0} = \frac{\rho}{\mathrm{R}} ; $$

de sorte que l'équation (8) deviendra

$$ (v^{2} - v_0^{2})\, \Sigma\, m\rho^{2} = 2g\,\mathrm{R}\,(z - z_0)\, \Sigma\, m\rho. $$

Or, si l'on désigne par f la distance du centre de gravité de la tige au point de suspension, par M la masse de cette tige, et par $\mathrm{M}\lambda^{2}$ son

---

[*] Cette remarque est due à M. Sturm.

(25)

moment d'inertie par rapport au centre de gravité, on a

$$\Sigma\, m\rho^2 = \mathrm{M}(f^2 + \lambda^2), \quad \Sigma\, m\rho = \mathrm{M}f;$$

il vient donc, par la substitution,

$$v^2 = v_0^2 + \frac{2g\mathrm{R}f}{f^2 + \lambda^2}\,(z - z_0).$$

Pour le pendule simple, dont le point considéré formerait l'extrémité,
on aurait

$$v^2 = v_0^2 + 2g\,(z - z_0),$$

et, comme le principe des aires appliqué au point horizontal fournit
la même équation dans l'un et l'autre cas, il suffit de prendre, pour
satisfaire à la condition énoncée,

$$\mathrm{R} = f + \frac{\lambda^2}{f}\cdot$$

On pourra donc appliquer les formules ci-dessus au mouvement du
point ainsi déterminé, en y remplaçant R par $f + \frac{\lambda^2}{f}\cdot$ Ainsi, dans le
plan vertical qui se meut avec lui, le pendule oscille continuellement
entre les deux droites qui passent par le point de suspension, et qui
font avec la verticale, des angles ayant pour cosinus $\frac{\alpha}{\mathrm{R}}$ et $\frac{\beta}{\mathrm{R}}$; à des
intervalles de temps égaux, avant et après le moment où il coïncide
avec l'une de ces droites, il se trouve occuper la même position. Enfin,
la projection de la tige, sur le plan horizontal qui passe par le point
fixe, et la tige elle-même, dans un des plans tangents au cône décrit
par elle, et sur lequel on aurait fait le développement de la surface,
sont animées chacune d'un mouvement d'oscillation périodique, de
part et d'autre d'une droite tournant, avec une vitesse angulaire
constante, autour du point de suspension.

*Mouvement d'un point matériel pesant sur une surface de révolution
dont l'axe est vertical.*

25. Le mouvement d'un point matériel soumis à la seule action de

4

la pesanteur, et assujetti à rester sur une surface de révolution qui a son axe vertical, présente des caractères de périodicité, dont l'existence est subordonnée toutefois à la forme de la surface et à la nature des circonstances initiales. Lorsque le mouvement a lieu sur une sphère, la question dépend, comme on l'a vu, des fonctions elliptiques, et les formules auxquelles on est conduit mettent d'elles-mêmes en évidence la périodicité. Mais on peut déterminer les cas dans lesquels elle se produit, et l'établir pour tous les cas, sans particulariser la surface.

L'axe des z étant pris sur l'axe de révolution, dans le sens de la pesanteur, et l'axe des x sur l'une des droites horizontales du méridien qui passe par le point de départ, soient, au bout du temps t, v la vitesse du mobile, r la projection du rayon vecteur sur le plan des xy, ψ l'angle décrit par cette projection ou par le plan vertical qui tourne avec elle autour de l'axe des z, θ l'angle que fait dans ce plan, avec une ligne horizontale, la tangente au méridien menée par la position du mobile. Appelons v_0, z_0, r_0 les valeurs initiales de v, de z et de r, et représentons par ω l'angle de la direction de la vitesse initiale avec la tangente au parallèle mené par le point de départ. Si, dans l'équation

$$dz^2 + dr^2 + r^2 d\psi^2 = v^2 dt^2,$$

nous remplaçons dr et $d\psi$ par les expressions

$$dr = \cot\theta \, dz, \quad d\psi = \frac{r_0 v_0 \cos\omega}{r^2} \, dt,$$

dont la dernière résulte du principe des aires appliqué au plan des xy, nous aurons

$$(9) \qquad \frac{dz}{dt} = \pm \frac{\sin\theta}{r} \sqrt{r^2 v^2 - r_0^2 v_0^2 \cos^2\omega}.$$

Or, soit

$$x = \varphi(z)$$

l'équation du méridien qui est dans le plan des zx; celle de la surface de révolution sera

$$r = \varphi(z);$$

de plus, si l'on pose

$$h = z_0 - \frac{v_0^2}{2g},$$

le principe des forces vives donnera

$$v^2 = 2g(z - h).$$

Le second membre de l'équation (1) peut donc s'exprimer au moyen de z seulement, et, par une quadrature, on obtiendra t en fonction de cette variable ; l'équation des aires fournira l'angle ψ par une nouvelle intégration.

26. L'expression ci-dessus de $\frac{dz}{dt}$, ne renfermant pas l'angle ψ, permet de considérer le mouvement du point matériel, sur le méridien qui tourne avec lui autour de l'axe des z, indépendamment de ce mouvement de rotation. Si l'on pose

$$c^2 = r_0^2 (z_0 - h) \cos^2 \omega,$$

cette expression devient

$$\frac{dz}{dt} = \pm \sqrt{2g} \frac{\sin \theta}{r} \sqrt{r^2 (z - h) - c^2}.$$

Imaginons que, dans le plan des zx, on construise la courbe qui a pour équation

$$x^2 (z - h) = c^2 \, ;$$

cette courbe se composera de deux branches E et E' symétriques l'une de l'autre par rapport à l'axe des z, tournant leur convexité vers l'origine, et ayant pour asymptotes l'axe des z et une parallèle H à l'axe des x, menée à la distance h, au-dessous de laquelle elles seront situées. Puisque l'on a

$$r_0^2 (z_0 - h) - c^2 > 0,$$

le point de départ du mobile se trouve dans la concavité de l'une des deux branches, de E par exemple ; cela posé, il faut considérer trois cas :

1°. La portion du méridien, à laquelle appartient le point de départ, sera une courbe fermée, tracée tout entière dans l'intérieur de E.

2°. Cette courbe, fermée ou non, coupera E en deux points M et N.

3°. Ou bien enfin, elle s'étendra jusqu'à l'infini, sans rencontrer E, soit d'un seul côté, soit des deux côtés du point de départ.

27. 1°. Dans le premier cas, la vitesse du mobile sur le méridien, savoir :

$$\frac{d\sigma}{dt} = \frac{\sqrt{2g}}{r} \sqrt{r^2 (z - h) - c^2},$$

ne devient jamais nulle, de sorte que ce méridien est décrit tout entier, et toujours dans le même sens, un nombre de fois indéfini. Le temps que le point matériel emploie pour parcourir un arc déterminé σ est, en appelant z_1 et z_2 les valeurs de z pour les deux extrémités de cet arc,

$$t = \frac{1}{\sqrt{2g}} \int_{z_1}^{z_2} \frac{\pm r\, dz}{\sin\theta \sqrt{r^2 (z - h) - c^2}},$$

ou une somme d'intégrales analogues, si l'arc σ présente des sommets pour lesquels la tangente soit horizontale. Ces intégrales ont la même valeur à chaque révolution, et, en particulier, le temps employé par le point matériel, pour décrire le méridien tout entier, est une quantité constante $2T$. Ce point reprenant donc sur le méridien la même position, après chaque intervalle de temps égal à $2T$, on voit que z et r sont des fonctions périodiques de t.

28. L'angle ψ est donné par l'intégrale

$$\psi = c \sqrt{2g} \int_0^t \frac{dt}{r^2},$$

ou par l'aire de la courbe, dont les points ont pour abscisses les diverses valeurs de t, et pour ordonnées les valeurs correspondantes de $\frac{c\sqrt{2g}}{r^2}$; par conséquent, si l'on mène une parallèle à l'axe des abscisses, à une distance $\frac{\Psi}{T}$ telle, que les deux aires situées, l'une au-dessus, l'autre au-dessous de cette parallèle, et comprises entre elle et la courbe, soient équivalentes, on aura

$$\psi = \frac{\Psi}{T}\, t + \psi',$$

ψ' prenant la même valeur toutes les fois que t augmente de $2\,T$. L'angle ψ se compose donc d'une partie proportionnelle au temps et d'une partie périodique. Cette dernière devient nulle pour $t = 0$, $2\,T$, $4\,T$, etc., et au moins une fois pendant chaque intervalle; de sorte que le rayon vecteur de la projection du mobile, sur le plan des xy, exécute des oscillations périodiques de part et d'autre de la ligne, qui tournerait dans ce plan, et autour de l'origine, avec la vitesse angulaire constante $\frac{\Psi}{T}$. L'angle décrit réellement par ce rayon vecteur, pendant la durée d'une période, est

$$2\,\Psi = c\,\sqrt{2g}\,\int_0^{2\,T} \frac{dt}{r^2}.$$

De même, si l'on pose

$$2\,S = \sqrt{2g}\,\int_0^{2\,T} \sqrt{z - h}\, dt,$$

la longueur de l'arc de courbe parcouru par le mobile, au bout du temps t, sera

$$s = \frac{S}{T}\, t + s',$$

s' représentant une fonction périodique du temps.

On peut supposer que l'axe des x et l'axe des y participent au mouvement de rotation uniforme qui a pour vitesse angulaire $\frac{\Psi}{T}$; le mouvement du point matériel rapporté à ces axes et à l'axe des z sera alors complétement périodique.

Pour obtenir la courbe tracée sur la surface, il suffirait de faire tourner autour de l'axe de révolution, un nombre de fois indéfini, et chaque fois de l'angle $2\,\Psi$, la portion qui en a été décrite pendant un intervalle de temps égal à $2\,T$.

29 $2°$. Dans le second cas, le point matériel oscille continuellement entre le point M et le point N, sur le méridien qui tourne avec lui autour de l'axe des z, et le mouvement est encore périodique. De plus, les temps employés à parcourir un arc déterminé de haut en bas, et de bas en haut, sont les mêmes; car, pour passer de l'un à l'autre cas, il faut changer à la fois le signe de dz et l'ordre des limites de chaque intégrale définie. Le mobile se trouve donc au même point du méridien, à des intervalles de temps égaux, avant et après le moment où il a atteint l'une de ses deux positions extrêmes.

Cette symétrie se reproduit sur la courbe dont l'aire a servi à évaluer l'angle ψ; par conséquent, pour deux valeurs de t égales à un multiple quelconque de T augmenté ou diminué de la même quantité, ψ' prend deux valeurs égales et de signes contraires. Ainsi le rayon vecteur de la projection du mobile sur le plan des xy coïncide, à la fin de chaque intervalle de temps égal à T, avec la droite qui tourne autour de l'origine d'un mouvement uniforme, et les écarts qui se sont produits pendant une demi-période, se reproduisent symétriquement pendant la demi-période suivante. L'angle décrit réellement par le rayon vecteur, pendant chacune de ces demi-périodes, est

$$\Psi = c \sqrt{2g} \int_0^{T} \frac{dt}{r^2}.$$

La courbe tracée sur la surface par le point matériel présentera une suite de sommets correspondants aux positions M et N du mobile sur le méridien, et sera divisée par chacun de ces sommets en deux parties symétriques.

30. Il peut se faire que le méridien et la branche E soient tangents en l'un des points M et N, en M par exemple; alors, en représentant par α la valeur correspondante de z, et en posant

$$F(z) = \varphi(\overline{z}^2)(z - h) - c^2,$$

on aura

$$F(\alpha) = 0, \quad F'(\alpha) = 0,$$

et, suivant que le contact sera du second ordre au moins, ou seulement du premier,

$$F''(\alpha) = 0,$$

(31)

ou

$$F'''(\alpha) = 2c\sqrt{\alpha - h}\,\varphi''(\alpha) - \frac{3}{2}\frac{c^2}{(\alpha - h)^2}.$$

Cette expression ne pourrait devenir infinie qu'autant que l'on aurait

$$\varphi''(\alpha) = \infty\,;$$

si donc on fait abstraction du cas où le méridien présenterait en **M** un point singulier, pour lequel on aurait $\varphi''(z) = \infty$, en même temps que $\varphi(z)$ et $\varphi'(z)$ seraient finis et différents de zéro, le rapport $\frac{F(z)}{(z - \alpha)}$ restera fini, pour $z = \alpha$, quel que soit l'ordre du contact. On en conclut que T est infiniment grand, par conséquent la périodicité disparaît, et le mobile s'approche continuellement du point M, sur le méridien, sans jamais l'atteindre. Comme d'ailleurs l'angle φ croît au delà de toute limite, la courbe tracée sur la surface forme une infinité de spires, qui tendent à se confondre avec le parallèle mené par ce point.

Lorsque le méridien est extérieur à la branche E, et la touche seulement au point de départ, le mobile décrit un parallèle d'un mouvement uniforme.

31. 3°. Dans le troisième cas, le mouvement n'offre plus aucun caractère de périodicité, et le point matériel s'éloigne jusqu'à l'infini.

Vu et approuvé,

Le Doyen de la Faculté des Sciences,

MILNE EDWARDS.

Permis d'imprimer,

Le Recteur de l'Académie de la Seine,

CAYX.

THÈSE D'ASTRONOMIE.

SUR LA DÉTERMINATION DES ORBITES DES PLANÈTES ET DES COMÈTES.

1. Les éléments de l'orbite d'une planète, à une époque donnée, se déterminent à l'aide de formules, dans lesquelles entrent la longitude et la latitude géocentriques de la planète, ainsi que leurs dérivées de divers ordres prises par rapport au temps. Après avoir obtenu, au moyen de l'interpolation appliquée à un nombre d'observations suffisant, les développements de ces angles suivant les puissances ascendantes du temps mesuré à partir de l'époque donnée, on substitue, dans les formules, les premiers termes de ces développements aux angles eux-mêmes, et les coefficients des deuxièmes termes, ceux des troisièmes, etc., respectivement aux dérivées du premier ordre, à celles du deuxième, etc. On est d'autant moins certain de l'exactitude des coefficients ainsi employés, et le minimum du nombre d'observations que leur calcul exige est d'autant plus grand, que les dérivées auxquelles ils se rapportent sont d'un ordre plus élevé.

2. Les formules habituelles ne renferment que les dérivées des deux premiers ordres, et ne supposent, à la rigueur, que trois observations; mais leur usage nécessite la résolution d'une équation du septième degré, pour la recherche préliminaire des distances r et ι de la planète au Soleil et à la Terre. Dans la première des deux méthodes que cette Thèse a pour but d'exposer, et qui sont dues à M. Cauchy [*],

---

[*] *Comptes rendus des séances de l'Académie des Sciences*, tome **XXV**. — Additions à la *Connaissance des Temps* pour 1852 (Mémoire de M. Perrey).

5

on obtient directement l'expression de r^3, et l'on en déduit simplement celle de ι. Seulement, comme la première de ces expressions renferme les dérivées du troisième ordre, on ne doit considérer que comme approchées les valeurs fournies par l'une et par l'autre, pour l'époque donnée, et l'on calcule les corrections qu'il faut leur faire subir, en appliquant un précédé analogue à celui de Newton, à deux équations entre r et ι, qui ne contiennent pas les dérivées du troisième ordre. Les éléments se trouvent ensuite à l'aide de formules, dans lesquelles n'entrent plus ces dérivées.

3. Lagrange a donné, pour la détermination de l'orbite d'un astre, une méthode, dans laquelle on fait usage des dérivées du premier ordre seulement; mais, pour l'appliquer, il faut connaître les valeurs de ces dérivées, et celles des angles eux-mêmes, à trois époques distinctes, ce qui suppose que, dans le voisinage de chacune des trois époques, on ait effectué deux observations; de plus, on a encore à résoudre une équation du septième degré. La seconde méthode de M. Cauchy ne demande que la résolution d'une équation du troisième degré, et réduit à deux le nombre des couples d'observations; elle ne peut servir, du reste, qu'à la détermination des orbites des planètes.

Enfin, ces méthodes se complètent par un procédé de correction, qui est le même pour les deux.

PREMIÈRE MÉTHODE.

§ Ier.

Détermination des distances de l'astre au Soleil et à la Terre.

4. Soient x, y, z les coordonnées de la planète rapportée à trois axes perpendiculaires entre eux, et passant par le centre du Soleil; prenons deux de ces axes dans le plan de l'écliptique, et, pour fixer les idées, supposons l'axe des x dirigé vers les premiers points du Bélier, l'axe des y vers ceux du Cancer, enfin, la partie positive de l'axe des z située du même côté de l'écliptique que le pôle boréal. Si l'on représente par k la force attractive du Soleil à l'unité de distance, les

équations du mouvement de la planète seront

$$\frac{d^2x}{dt^2} + \frac{k}{r^3}\, x = 0, \qquad \frac{d^2y}{dt^2} + \frac{k}{r^3}\, y = 0, \qquad \frac{d^2z}{dt^2} + \frac{k}{r^3}\, z = 0.$$

On a, d'ailleurs, en appelant R la distance de la Terre au Soleil, ϖ la longitude de la Terre, ρ la distance accourcie de la planète à la Terre, ou la projection de v sur le plan de l'écliptique, φ et θ la longitude et la latitude géocentriques de la planète,

$$x = R \cos \varpi + \rho \cos \varphi, \qquad y = R \sin \varpi + \rho \sin \varphi, \qquad z = \rho \tang \theta.$$

Les trois équations du mouvement fournissent les suivantes :

$$\cos \varphi\, \frac{d^2x}{dt^2} + \sin \varphi\, \frac{d^2y}{dt^2} + \frac{k}{r^3}\,(x \cos \varphi + y \sin \varphi) = 0,$$

$$\sin \varphi\, \frac{d^2x}{dt^2} - \cos \varphi\, \frac{d^2y}{dt^2} + \frac{k}{r^3}\,(x \sin \varphi - y \cos \varphi) = 0,$$

$$\frac{d^2z}{dt^2} + \frac{k}{r^3}\, z = 0.$$

Dans ces dernières, on peut remplacer x, y, z par les valeurs ci-dessus ; alors, en posant

$$\Theta = \log \tang \theta,$$

et en observant que l'on a, à cause du mouvement de la Terre,

$$\frac{d^2(R \cos \varpi)}{dt^2} + \frac{k}{R^2} \cos \varpi = 0, \qquad \frac{d^2(R \sin \varpi)}{dt^2} + \frac{k}{R^2} \sin \varpi = 0,$$

on trouvera, toutes réductions faites,

$$(1) \quad \begin{cases} \dfrac{d^2\rho}{dt^2} + \dfrac{k}{r^3}\rho + R \cos(\varphi - \varpi)\left(\dfrac{k}{r^3} - \dfrac{k}{R^3}\right) - \dfrac{d\varphi^2}{dt^2}\rho = 0, \\[2ex] 2\,\dfrac{d\varphi}{dt}\dfrac{d\rho}{dt} - R \sin(\varphi - \varpi)\left(\dfrac{k}{r^3} - \dfrac{k}{R^3}\right) + \dfrac{d^2\varphi}{dt^2}\rho = 0, \\[2ex] \dfrac{d^2\rho}{dt^2} + \dfrac{k}{r^3}\rho + 2\,\dfrac{d\Theta}{dt}\dfrac{d\rho}{dt} + \left(\dfrac{d^2\Theta}{dt^2} + \dfrac{d\Theta^2}{dt^2}\right)\rho = 0. \end{cases}$$

L'équation que l'on obtiendrait, en éliminant $\frac{d\rho}{dt}$ et $\frac{d^2\rho}{dt^2}$ entre les

5..

trois précédentes, serait de la forme

$$(2) \qquad C\rho = R\left(\frac{k}{r^3} - \frac{k}{R^3}\right),$$

C ne contenant que les angles ϖ, φ, θ, et les dérivées des deux premiers ordres de φ et de θ par rapport à t; et, comme on a

$$(3) \qquad \rho = \iota \cos\theta,$$

il viendrait, entre r et ι, la relation

$$(4) \qquad C\iota\cos\theta = R\left(\frac{k}{r^3} - \frac{k}{R^3}\right).$$

On en obtiendra une seconde, soit en remplaçant x, y, z par leurs valeurs, dans l'équation

$$r^2 = x^2 + y^2 + z^2,$$

soit par la considération du triangle qui a pour côtés r, ι et R; on trouvera

$$(5) \qquad r^2 = R^2 + \iota^2 + 2R\iota\cos\theta\cos(\varphi - \varpi).$$

En éliminant r entre ces deux relations, on aurait une équation qui ne contiendrait plus que v, et qui s'abaisserait au septième degré, parce que le terme tout connu serait nul; après l'avoir résolue, on calculerait ρ et r par les formules (3) et (2).

5. Pour éviter cette résolution, tirons des équations (1) les valeurs de $\frac{d\rho}{dt}$ et de $\frac{d^2\rho}{dt^2} + \frac{k}{r^3}\rho$, en fonction de ρ; en posant

$$2A = \frac{\dfrac{d\varphi}{dt}\cot(\varphi - \varpi) - \dfrac{d\Theta}{dt}}{\dfrac{d^2\Theta}{dt^2} + \dfrac{d\Theta^2}{dt^2} + \dfrac{d\varphi^2}{dt^2} - \dfrac{d^2\varphi}{dt^2}\cot(\varphi - \varpi)},$$

$$B = -\frac{d^2\Theta}{dt^2} - \frac{d\Theta^2}{dt^2} - 2A\frac{d\Theta}{dt},$$

nous aurons

$$(6) \qquad \frac{d\rho}{dt} = A\rho,$$

$$(7) \qquad \frac{d^2\rho}{dt^2} + \frac{k}{r^3}\rho = B\rho.$$

L'équation (6) donne, après qu'on a différentié ses deux membres par rapport à t,

$$\frac{d^2\rho}{dt^2} = \left(A^2 + \frac{dA}{dt} \right) \rho \,;$$

et, de cette dernière combinée avec l'équation (7), on tire

$$(8) \qquad \frac{k}{r^3} = B - A^2 - \frac{dA}{dt}.$$

La valeur de r étant ainsi déterminée, on obtiendra celle de ι par la formule (4), dans laquelle on a

$$C = \frac{\dfrac{d^2\varphi}{dt^2} + 2\,A\,\dfrac{d\varphi}{dt}}{R \sin(\varphi - \varpi)},$$

ou bien à l'aide de l'équation (5), qui ne renferme aucune dérivée. Quel que soit celui des deux moyens qu'on emploie, le second servira de vérification. Afin de prévenir les erreurs dans le calcul numérique de B et dans selui de C, on pourra effectuer de nouveau ces calculs, en employant cette fois les expressions

$$B = \frac{d^2\varphi}{dt^2} - \left(\frac{d^2\varphi}{dt^2} + 2\,A\,\frac{d\varphi}{dt} \right) \cot(\varphi - \varpi), \quad C = \frac{\dfrac{d^2\varphi}{dt^2} - B}{R \cos(\varphi - \varpi)}.$$

6. Les valeurs que l'on vient d'obtenir, et que nous représenterons par r_{ι} et par ι_{ι}, ne doivent pas être considérées comme suffisamment exactes, à cause des dérivées du troisième ordre qui entrent dans l'expression de $\frac{dA}{dt}$. Pour en avoir de plus approchées, on pourrait se servir de l'équation

$$\frac{1}{r^3} = \frac{1}{R^3} + \frac{C \cos \theta}{k} \iota_{\iota},$$

qui ferait connaître une nouvelle valeur de r, et, celle-ci étant mise dans l'équation (5), on en déduirait une nouvelle valeur de ι; mais on obtiendra simultanément les corrections ∂r et $\partial \iota$, qu'il faut faire subir à r_{ι} et à ι_{ι}, en remplaçant, dans les équations (4) et (5), r par

$r_1 + \partial r$, et v par $v_1 + \partial v$; si l'on pose

$$\alpha = \frac{1}{r^3} - \frac{1}{R^3} - \frac{C \cos \theta}{k} v_1 ,$$

$$2\beta = r^2 + v_1^2 - r_1^2 + 2 R v_1 \cos \theta \cos (\varphi - \varpi),$$

et si l'on néglige les puissances de ∂r et de ∂v supérieures à la première, ces équations deviendront

$$\frac{d\alpha}{dr_1} \partial r + \frac{d\alpha}{dv_1} \partial v + \alpha = 0,$$

$$\frac{d\beta}{dr_1} \partial r + \frac{d\beta}{dv_1} \partial v + \beta = 0,$$

et donneront, après qu'on y aura remplacé les dérivées par leurs expressions en fonction de r_1 et de v_1,

$$\partial r = \frac{\beta r_1 - \frac{3}{r^4} \alpha}{\dfrac{C r_1 \cos \theta}{k} - \dfrac{3}{r^4} [v_1 + R \cos \theta \cos (\varphi - \varpi)]},$$

$$\partial v = \frac{\alpha - [v_1 + R \cos \theta \cos (\varphi - \varpi)] \, \partial v}{r_1}.$$

7. Lorsque la formule (8) conduira, pour $\frac{k}{r^3}$, à une valeur très-petite, et comparable aux erreurs d'observations, on se servira d'abord de l'équation (4), qui devient alors

$$v = - \frac{k}{C R^3 \cos \theta} ,$$

et l'on calculera r au moyen de l'équation (5); puis on corrigera, par la méthode qui vient d'être indiquée, les valeurs ainsi obtenues.

§ II.

Détermination du plan de l'orbite.

8. La position du plan de l'orbite dépend de deux éléments, savoir : la longitude héliocentrique s du nœud ascendant, et l'inclinaison i de ce plan sur celui de l'écliptique. Pour les déterminer, appelons H le

double de l'aire décrite, pendant l'unité de temps, par le rayon vecteur qui va de la planète au centre du Soleil, I la projection de H
sur le plan qui contient la ligne des nœuds, et qui est perpendiculaire à celui de l'écliptique, U, V, W les projections de la même aire
sur les trois plans coordonnés; nous aurons, en représentant par
u, v, w les composantes, suivant les axes, de la vitesse ω de la
planète,

$$(9) \quad \begin{cases} \mathrm{U} = yw - zv, \quad \mathrm{V} = zu - xw, \quad \mathrm{W} = xv - yu, \\ \mathrm{I} = \sqrt{\mathrm{U}^2 + \mathrm{V}^2}, \quad \mathrm{H} = \sqrt{\mathrm{I}^2 + \mathrm{W}^2}; \end{cases}$$

et l'angle i sera donné par les formules

$$\sin i = \frac{\mathrm{I}}{\mathrm{H}}, \quad \cos i = \frac{\mathrm{W}}{\mathrm{A}},$$

qui auront lieu, eu égard aux signes, quelle que soit la position du
plan, si l'on convient de prendre pour i l'angle aigu ou l'angle obtus,
situé au-dessus du plan de l'écliptique, suivant que le mouvement de
la planète sera direct ou rétrograde; dans le premier cas, en effet,
W est positif, et, dans le second, il est négatif.

9. De même, les angles que fait le plan de l'aire I avec celui des
zx, et avec celui des zy, étant respectivement $\aleph$ et $90° - \aleph$, on aura

$$\sin \aleph = \frac{\mathrm{U}}{\mathrm{I}}, \quad \cos \aleph = -\frac{\mathrm{V}}{\mathrm{I}}.$$

On représente par $\aleph$ l'angle que fait la partie positive de l'axe des x,
avec la ligne qui va du centre du Soleil au nœud ascendant; or,
lorsque ce dernier point est situé dans la portion du plan de l'écliptique que limitent les parties positives des deux axes, on a

$$\aleph < 90°, \quad \mathrm{U} > 0, \quad \mathrm{V} < 0;$$

de plus, U change de signe en même temps que $\sin \aleph$, et V en même
temps que $\cos \aleph$; les formules ci-dessus sont donc exactes pour les
signes, et font connaître l'angle $\aleph$ sans ambiguïté.

10. Les composantes u, v, w de la vitesse, qui entrent dans les équations (9), sont faciles à obtenir, car on a

$$u = \frac{dx}{dt}, \quad v = \frac{dy}{dt}, \quad w = \frac{dz}{dt},$$

et, par conséquent,

$$u = \cos \varpi \, \frac{d\mathrm{R}}{dt} - \mathrm{R} \sin \varpi \, \frac{d\varpi}{dt} + \rho \left(\mathrm{A} \cos \varphi - \sin \varphi \, \frac{d\varphi}{dt} \right),$$

$$v = \sin \varpi \, \frac{d\mathrm{R}}{dt} + \mathrm{R} \cos \varpi \, \frac{d\varpi}{dt} + \rho \left(\mathrm{A} \sin \varphi + \cos \varphi \, \frac{d\varphi}{dt} \right),$$

$$w = \rho \, e^{\Theta} \left(\frac{d\Theta}{dt} + \mathrm{A} \right).$$

Seulement, la distance variable R étant donnée en nombre par les Tables, il convient, pour éviter une interpolation, d'exprimer en fonction de cette distance sa dérivée par rapport à t. Or, le demi-grand axe de l'orbite terrestre étant pris pour unité de longueur, si l'on représente par E l'excentricité de cette orbite, et par Ψ l'anomalie excentrique, on aura

$$\mathrm{R} = 1 - \mathrm{E} \cos \Psi, \quad \Psi - \mathrm{E} \sin \Psi = \sqrt{k}\, t + \text{constante};$$

d'où l'on tire, en différentiant par rapport à t, et en éliminant Ψ et $\dfrac{d\Psi}{dt}$,

$$\frac{d\mathrm{R}}{dt} = \frac{1}{\mathrm{R}} [k\,(\mathrm{E} - \mathrm{R} + 1)(\mathrm{E} + \mathrm{R} - 1)]^{\frac{1}{2}}.$$

Le second membre doit être pris avec le signe *plus* ou avec le signe *moins*, suivant que la Terre s'éloigne ou s'approche du Soleil, à l'époque que l'on considère.

On peut aussi remplacer $\dfrac{d\varpi}{dt}$ par sa valeur en fonction de R, qui est

$$\frac{d\varpi}{dt} = \frac{1}{\mathrm{R}^2} [k\,(1 + \mathrm{E})(1 - \mathrm{E})].$$

§ III.

Détermination des autres éléments de l'orbite.

11. Les éléments qu'il reste à déterminer sont :

Le demi-grand axe a de l'orbite ;

L'excentricité ε ;

La longitude p_1 du périhélie mesurée dans le plan de l'orbite, à partir de la ligne des nœuds ;

L'époque du passage de l'astre au périhélie, que nous représenterons par $-\frac{c}{\lambda}$, λ étant le mouvement moyen.

Connaissant le carré de la vitesse de la planète,

$$\omega^2 = u^2 + v^2 + w^2,$$

on obtiendra : a, par l'équation des forces vives

$$\frac{1}{a} = \frac{2}{r} - \frac{\omega^2}{k} ;$$

ε, au moyen de celle des aires

$$\varepsilon^2 = 1 - \frac{H^2}{a\,k} ;$$

la durée T de la révolution exprimée en jours moyens, et le mouvement moyen λ, par la formule

$$\lambda = \frac{2\pi}{T} = \left(\frac{k}{a^3}\right)^{\frac{1}{2}}.$$

Après avoir calculé l'angle ψ, qui représente l'anomalie excentrique, à l'aide des équations

$$(10) \qquad r = a\,(1 - \varepsilon \cos \psi),$$

$$(11) \qquad \sin \psi = \frac{r\,\dfrac{dr}{dt}}{\lambda\,a^2\,\varepsilon},$$

6

on le remplacera par sa valeur dans la suivante,

$$(12) \qquad \psi - \varepsilon \sin \psi = \lambda t + c,$$

de laquelle on déduira c. La formule (11) se tire des équations (10) et (12), en différentiant par rapport à t, et en éliminant ensuite $\cos \psi$ et $\frac{d\psi}{dt}$. Quant au numérateur du second membre, il a pour expression

$$r \frac{dr}{dt} = xu + yv + zw;$$

son signe indique si, à l'époque donnée, la planète s'éloigne ou s'approche du périhélie.

Enfin, l'équation

$$\operatorname{tang} \tfrac{1}{2}(p - p_{\prime}) = \left(\frac{1+\varepsilon}{1-\varepsilon}\right)^{\frac{1}{2}} \operatorname{tang} \tfrac{1}{2}\psi$$

fait connaître sans ambiguïté l'anomalie moyenne $p - p_{\prime}$; de sorte que la longitude $p_{\prime}$ du périhélie sera déterminée, quand on aura obtenu, comme il va être dit, la valeur de l'angle p.

12. Les projections du rayon vecteur r, sur la ligne des nœuds, et sur une perpendiculaire à cette ligne, menée dans le plan de l'écliptique, sont les mêmes que celles du contour formé par les coordonnées de la planète; on a donc, en observant que les projections de z sont nulles,

$$(13) \qquad r \cos p = x \cos \aleph + y \sin \aleph,$$
$$(14) \qquad r \sin p \cos i = y \cos \aleph - x \sin \aleph.$$

Ces deux équations font connaître le sinus et le cosinus de l'angle p; elles peuvent s'écrire de la manière suivante :

$$r \cos p = \mathrm{R} \cos (\varpi - \aleph) + \rho \cos (\varpi - \aleph),$$
$$r \sin p \cos i = \mathrm{R} \sin (\varpi - \aleph) + \rho \sin (\varpi - \aleph).$$

13. Le triangle rectangle, qui a pour hypoténuse la distance de la planète à la ligne des nœuds, et pour un des côtés de l'angle droit la

(43)

projection de cette distance sur le plan de l'écliptique, donne

$$(15) \qquad z = r \sin p \sin i.$$

Si l'on différentie, par rapport à t, les deux membres de cette équation, et si l'on a égard aux relations

$$\text{H} \sin i = \text{I}, \quad \frac{dz}{dt} = w, \quad r^2 dp = \text{H}dt,$$

on pourra tirer la valeur de $\cos p$. L'angle p est donc encore donné par les formules

$$\sin p = \frac{z}{r \sin i}, \quad \cos p = \frac{wr - z\dfrac{dr}{dt}}{\text{I}}.$$

Lorsqu'on les divise membre à membre, z disparaît ainsi que $\sin i$, et il vient

$$\cot p = \frac{r^2\left(\dfrac{d\Theta}{dt} + \text{A}\right) - r\dfrac{dr}{dt}}{\text{H}}.$$

14. Cette seconde manière de trouver p ne suppose plus qu'on connaisse la longitude du nœud ascendant, et l'on pourra, au contraire, déduire $\aleph$ de l'angle p, à l'aide des équations (13) et (14). A cet effet, on les mettra sous une forme plus commode, en posant

$$\tan \chi = \frac{y}{x}, \quad s = \frac{x}{\cos \chi} = \frac{y}{\sin \chi} :$$

elles deviendront

$$\cos (\chi - \aleph) = \frac{r}{s} \cos p, \quad \sin (\chi - \aleph) = \frac{r}{s} \sin p \cos i.$$

15. L'élimination de $\sin p$, entre les formules (14) et (15), fait connaître l'équation du plan de l'orbite

$$x \sin \aleph - y \cos \aleph + z \cot i = 0.$$

Elle peut servir de moyen de vérification, ainsi que les suivantes, que l'on obtient en différentiant par rapport à t,

$$u \sin \aleph - v \cos \aleph + w \cot i = 0.$$

6..

§ IV.

Simplification des calculs.

16. Imaginons, dans le plan de l'écliptique, deux axes passant par le centre du Soleil, perpendiculaires entre eux, et dont l'un, parallèle à la distance ρ, fasse avec l'ancien axe des x un angle égal à φ. En appelant x' et y' les coordonnées, par rapport à ces axes, de la projection de la planète sur le plan de l'écliptique, nous aurons

$$x' = x \cos \varphi + y \sin \varphi, \quad y' = y \cos \varphi + x \sin \varphi,$$

ou bien, en remplaçant x et y par leurs valeurs en fonction de R et de ρ,

$$x' = \rho - \mathrm{R} \cos (\varphi - \varpi), \quad y' = - \mathrm{R} \sin (\varphi - \varpi).$$

Les composantes de la vitesse, par rapport aux axes des x' et des y', s'obtiendront en faisant la somme des projections des anciennes composantes; elles auront donc pour expressions

$$u' = u \cos \varphi + v \sin \varphi, \quad v' = v \cos \varphi - u \sin \varphi,$$

c'est-à-dire

$$u' = \cos (\varphi - \varpi) \frac{d\,\mathrm{R}}{dt} + \frac{d\rho}{dt} + \mathrm{R} \sin (\varphi - \varpi) \frac{d\varpi}{dt},$$

$$v' = - \sin (\varphi - \varpi) \frac{d\,\mathrm{R}}{dt} + \rho \frac{d\varphi}{dt} + \mathrm{R} \cos (\varphi - \varpi) \frac{d\varpi}{dt}.$$

Les valeurs de x', y', u' et v' se calculeront plus simplement que celles de x, y, u et v; elles se vérifieront d'ailleurs au moyen des équations

$$x'^2 + y'^2 + z^2 = r^2,$$

$$\mathrm{G} = \mathrm{S} \frac{d\,\mathrm{R}}{dt} + \mathrm{S}_\iota \frac{d\rho}{dt} + \rho\, y' \frac{d (\varphi - \varpi)}{dt} + z^2 \frac{d\Theta}{dt},$$

dans lesquelles on a

$$\mathrm{G} = r \frac{dr}{dt} = x'u' + y'v' + zw,$$

$$\mathrm{S} = \mathrm{R} + \rho \cos (\varphi - \varpi) = x' \cos (\varphi - \varpi) - y' \sin (\varphi - \varpi),$$

$$\mathrm{S}_\iota = \mathrm{R} \cos (\varphi - \varpi) + \rho \sec^2 \theta = x' + z \tang \theta,$$

et dont la seconde s'obtient par de simples substitutions.

On calculera ensuite : le carré de la vitesse,

$$\omega^2 = u'^2 + v'^2 + w^2 ;$$

les projections de l'aire H sur les nouveaux plans coordonnés,

$$U' = y'w - zv', \quad V' = zu' - x'w, \quad W = x'v' - y'u' ;$$

puis les aires,

$$I = \sqrt{U'^2 + V'^2}, \quad H = \sqrt{I^2 + W^2} ;$$

et, comme vérification, il faudra qu'on ait

$$G^2 + H^2 = \omega^2 r^2.$$

D'ailleurs, toutes les formules établies plus haut, pour le calcul des éléments, subsisteront, sans avoir besoin d'être modifiées, à l'exception de celles qui renferment l'angle ϑ; et, dans ces dernières, il suffira de remplacer ϑ par $\vartheta - \varphi$, en même temps que l'on mettra un accent sur les lettres qui doivent en être affectées. On aura donc

$$\sin (\vartheta - \varphi) = \frac{U'}{I}, \quad \cos (\vartheta - \varphi) = -\frac{V'}{I},$$

pour calculer ϑ directement. Si l'on veut obtenir cet angle au moyen de p, il faudra, après avoir posé

$$\tan \chi' = \frac{y'}{x'}, \quad s' = \frac{x'}{\cos \chi'} = \frac{y'}{\sin \chi'},$$

se servir des formules

$$\cos (\varphi + \chi' - \vartheta) = \frac{r}{s'} \cos p,$$

$$\sin (\varphi + \chi' - \vartheta) = \frac{r}{s'} \sin p \cos i.$$

§ V.

Détermination des orbites des comètes.

17. Les distances d'une comète au Soleil et à la Terre, à une époque donnée, s'obtiennent par les mêmes procédés que celles des planètes, et l'on en déduit, comme plus haut, la longitude du nœud ascendant, et l'inclinaison du plan de l'orbite de la comète, sur celui de l'écliptique. Il reste à calculer la distance au Soleil q et la longitude p_i du périhélie, ainsi que l'époque du passage de l'astre à ce périhélie.

Pour passer de l'orbite elliptique à l'orbite parabolique, on doit poser

$$\varepsilon = 1 - \mu, \qquad a = \frac{q}{\mu},$$

puis faire

$$\mu = 0;$$

l'équation des forces vives et celle des aires deviennent alors

$$\frac{2}{r} = \frac{\omega^2}{k}, \qquad q = \frac{H^2}{2k}.$$

La première offre seulement un moyen de vérifier les calculs qui précèdent, mais la seconde fait connaître q.

De l'équation de l'orbite, qui est

$$(16) \qquad r = \frac{q}{\cos^2 \frac{1}{2}(p - p_i)},$$

on déduit l'anomalie vraie $p - p_i$. La longitude p de la comète, dans le plan de l'orbite, s'obtient d'ailleurs à l'aide des formules qui ont été données pour les planètes. On connaît donc la longitude p_i du périhélie.

18. Dans le mouvement elliptique, le temps τ, compté à partir du passage au périhélie, se trouve lié à l'anomalie vraie, par les deux équations

$$\sqrt{k}\,\tau = a^{\frac{3}{2}}(\psi - \varepsilon \sin \psi), \qquad \tang \frac{1}{2}\psi = \left(\frac{1-\varepsilon}{1+\varepsilon}\right)^{\frac{1}{2}} \tang \frac{1}{2}(p - p_i).$$

Si l'orbite devient très-allongée, $1 - \varepsilon$ sera très-voisin de zéro, et l'on pourra développer l'angle ψ et son sinus, en deux séries convergentes, suivant les puissances ascendantes de $\tang \frac{1}{2}\psi$. En remplaçant, dans la première des deux équations qui précèdent, ψ et $\sin \psi$ par les développements ainsi obtenus, et en mettant $\frac{q}{\mu}$ au lieu de a, $1 - \mu$ au lieu de ε, on aura [*]

$$\sqrt{k}\, \tau = \frac{2}{\sqrt{2-\mu}}\, q^{\frac{3}{2}} \tang \frac{1}{2}(p - p_1) \left\{ 1 + \frac{\frac{2}{3} - \mu}{2 - \mu}\, \tang^2 \frac{1}{2}(p - p_1) - \frac{\left(\frac{4}{5} - \mu\right)\mu}{(2-\mu)^2}\, \tang^4 \frac{1}{2}(p - p_1) + \dots \right\}.$$

Pour passer à l'orbite parabolique, il suffit de faire $\mu = 0$; il vient alors

$$(17) \qquad \tau = \sqrt{\frac{2}{k}}\, q^{\frac{3}{2}} \tang \frac{1}{2}(p - p_1) \left[1 + \frac{1}{3} \tang^2 \frac{1}{2}(p - p_1) \right].$$

Le facteur de $q^{\frac{3}{2}}$, dans le second membre de cette équation, représente la valeur de τ, qui correspondrait à la valeur connue de $p - p_1$, dans une parabole dont la distance périhélie serait égale à l'unité. L'expression numérique de ce facteur est donnée dans les Tables; en la multipliant par $q^{\frac{3}{2}}$, on obtiendra le temps, qui sépare l'époque actuelle du passage de l'astre au périhélie. Ce passage a précédé, on doit suivre cette époque, suivant que $\frac{dr}{dt}$ est positif ou négatif.

DEUXIÈME MÉTHODE.

§ VI.

19. La méthode suivante n'emploie que les dérivées du premier ordre, par rapport au temps, et suppose quatre observations faites dans le voisinage de deux époques distinctes : deux d'entre elles, très-voisines de la première époque t, fournissent les valeurs des dérivées pour cette époque; il en est de même des deux autres par rapport à la seconde époque t_1.

---

[*] *Mécanique céleste*, première partie, livre II.

Supposons d'abord que le plan de l'orbite se confonde sensiblement avec celui de l'écliptique ; alors, en comptant la longitude p de l'astre à partir de l'axe des x, c'est-à-dire en faisant $\varpi = o$, on aura

$$R \cos \varpi + \rho \cos \varphi = r \cos p,$$
$$R \sin \varpi + \rho \sin \varphi = r \sin p.$$

Soit, pour abréger,

$$R \sin (\varphi - \varpi) = \mathcal{R} ;$$

l'élimination de ρ entre ces deux équations donnera

$$(18) \qquad\qquad r \sin (\varphi - p) = \mathcal{R}.$$

On peut, dans une première approximation, négliger l'excentricité ε, qui est peu différente de zéro ; il en est de même de la dérivée $\frac{dr}{dt}$, qui, d'après l'équation (11), contient ε en facteur : si donc on différentie l'équation (18) par rapport à t, si l'on pose

$$r \cos (\varphi - p) = \frac{1}{\zeta}, \quad \frac{d\varphi}{dt} = \Phi, \quad \frac{d\mathcal{R}}{dt} = \mathcal{R}',$$

et si l'on remplace $\frac{dp}{dt}$ par $\frac{H}{r^2}$, il viendra

$$(19) \qquad\qquad \Phi - \zeta \mathcal{R}' = \frac{H}{r^2} ;$$

on a, de plus,

$$(20) \qquad\qquad \frac{1}{\zeta^2} + \mathcal{R}^2 = r^2.$$

20. Lorsqu'on passe de l'époque t à l'époque t_1, r varie d'une quantité que l'on peut négliger, puisqu'elle est du même ordre de grandeur que ε ; en représentant par Φ_1, ζ_1, $\mathcal{R}_1$, $\mathcal{R}'_1$, les valeurs de Φ, ζ, $\mathcal{R}$, $\mathcal{R}'$, qui sont relatives à la seconde époque, on aura donc

$$\Phi - \zeta \mathcal{R}' = \Phi_1 - \zeta_1 \mathcal{R}'_1, \quad \frac{1}{\zeta^2} + \mathcal{R}^2 = \frac{1}{\zeta_1^2} + \mathcal{R}_1^2.$$

L'équation en ζ que l'on obtiendrait si l'on éliminait ζ_1 entre les deux précédentes, serait du quatrième degré ; mais, en posant

$$\mu = \frac{\zeta + \zeta_i}{2}, \quad \nu = \frac{\zeta - \zeta_i}{2},$$

ce qui donne

$$(\mathcal{R}'_i - \mathcal{R}')\mu + (\mathcal{R}'_i + \mathcal{R}')\nu = \Phi_i - \Phi,$$

$$(\mathcal{R}^2_1 - \mathcal{R}^2)(\mu^2 - \nu^2)^2 = 4\mu\nu,$$

puis en négligeant ν^2 devant μ^2, et en remplaçant, dans la dernière équation, ν par sa valeur tirée de la précédente, on trouvera

$$\mu = \mathcal{A} + \mathcal{B}\mu^3,$$

équation du troisième degré seulement, et dans laquelle $\mathcal{A}$ et $\mathcal{B}$ ont pour expressions

$$\mathcal{A} = \frac{\Phi_i - \Phi}{\mathcal{R}'_i - \mathcal{R}'},$$

$$\mathcal{B} = -\frac{1}{4}\frac{\mathcal{R}'_i + \mathcal{R}'}{\mathcal{R}'_i - \mathcal{R}'}(\mathcal{R}^2_1 - \mathcal{R}^2).$$

Connaissant μ et ν, on en déduira ζ et ζ_i ; on calculera ensuite r, H et p, en se servant successivement des équations (20), (19) et (18).

21. Dans la limite de l'approximation indiquée, on peut prendre pour a, soit la valeur de r, soit celle de l'expression $\frac{H^2}{k}$.

La formule qui donne l'anomalie vraie, en fonction de l'anomalie excentrique, devient, lorsqu'on y néglige ε,

$$p = \psi + p_i ;$$

l'équation (18) peut donc se mettre sous la forme

$$r \sin(\varphi - p_i - \psi) = \mathcal{R}.$$

Soient φ_i et ψ_i les valeurs de φ et de ψ, lors de l'époque t_i ; on aura de même

$$r \sin(\varphi_i - p_i - \psi_i) = \mathcal{R}_i.$$

Les angles $\psi + p_i$ et $\psi_i + p_i$ sont donc connus ; et, comme on a, en

7

négligeant ε,

(21) $$\psi = \lambda t + c, \quad \psi_i = \lambda t_i + c,$$

d'où

$$\psi_i = \psi + \lambda (t_i - t),$$

il sera facile de calculer l'angle ψ et la longitude p_i du périhélie.

L'équation (21) donnera ensuite c.

22. Si l'on développe le premier membre de l'équation (18), et qu'on y remplace r par $a(1 - \varepsilon \cos \psi)$, puis $\cos p$ et $\sin p$ par leurs valeurs déduites des formules

$$\cos(p - p_i) = \frac{\cos \psi - \varepsilon}{1 - \varepsilon \cos \psi},$$

$$\sin(p - p_i) = \frac{(1 - \varepsilon^2)^{\frac{1}{2}} \sin \psi}{1 - \varepsilon \cos \psi},$$

on aura

(22) $$(\cos \psi - \varepsilon) \sin(\varphi - p_i) - (1 - \varepsilon^2)^{\frac{1}{2}} \sin \psi \cos(\varphi - p_i) - \frac{\mathcal{R}}{a} = 0.$$

L'élimination de ψ, entre cette équation et la formule (12), conduirait à une relation entre les quatre éléments a, ε, p_i et c; de sorte qu'en représentant par F le premier membre, on aurait, pour calculer les corrections à faire subir à ces éléments, lorsque l'excentricité n'est plus supposée égale à zéro,

(23) $$\frac{d\mathrm{F}}{da} \partial a + \frac{d\mathrm{F}}{d\varepsilon} \varepsilon + \frac{d\mathrm{F}}{dp_i} \partial p_i + \frac{d\mathrm{F}}{dc} \partial c + \mathrm{F} = 0.$$

On voit qu'il suffira de quatre observations.

Les termes de deuxième dimension, par rapport à ε et aux autres corrections, doivent être négligés dans le calcul qui nous occupe; par conséquent, l'équation (22) devient

$$\sin(\varphi - p_i - \psi) - \varepsilon \sin(\varphi - p_i) - \frac{\mathcal{R}}{a} = 0;$$

et, si dans cette dernière on développe $\sin(\varphi - p_i - \psi)$, puis, qu'on remplace $\sin \psi$ et $\cos \psi$ par les valeurs

$$\sin \psi = \sin(\lambda t + c)[(1 + \varepsilon \cos(\lambda t + c)],$$
$$\cos \psi = \cos(\lambda t + c) - \varepsilon \sin^2(\lambda t + c),$$

il viendra, tout calcul fait,

$$\sin (\varphi - p_1 - \lambda t - c) - \varepsilon \sin (\varphi - p_1)$$
$$- \varepsilon \sin (\lambda t + c) \cos (\varphi - p_1 - \lambda t - c) - \frac{\mathcal{R}}{a} = 0.$$

En posant

$$\cos (\varphi - p_1 - \lambda t - c) = - \gamma,$$

on devra donc prendre, dans l'équation (23),

$$F = \sin (\varphi - p_1 - \lambda t - c) - \frac{\mathcal{R}}{a}, \quad \frac{dF}{da} = \frac{\mathcal{R}}{a^2} - \frac{3}{2} \frac{\lambda}{a} \gamma t,$$
$$\frac{dF}{d\varepsilon} = \gamma \sin (\lambda t + c) - \sin (\varphi - p_1), \quad \frac{dF}{dp_1} = \frac{dF}{dc} = \gamma.$$

§ VII.

Détermination des angles i et ꝗ.

25. Les orbites des planètes sont généralement situées dans des plans assez voisins de l'écliptique, pour que les valeurs de a, de ε, de p_1 et de c, fournies par la méthode précédente, puissent être considérées comme très-approchées; en faisant abstraction, pour un instant, des corrections qu'elles doivent subir, on n'a donc plus à déterminer que i et ꝗ. On y arriverait en employant le procédé du § II, ou celui du § IV, puisque la valeur de r est maintenant connue; mais on peut opérer plus rapidement en introduisant dans les formules l'aire H, qui a pour expression

$$H = \left[ka (1 - \varepsilon^2) \right]^{\frac{1}{2}},$$

et d'autres aires, dont le calcul sera plus simple que celui de U, de U', de V, etc.

Si l'on représente par U_1 et par V_1 les projections de H sur deux plans perpendiculaires, l'un à la distance v, et l'autre à la distance R, on aura

$$U_1 = U' \cos \theta + W \sin \theta,$$
$$V_1 = U' \cos (\varphi - \varpi) - V' \sin (\varphi - \varpi),$$

ce qui donne, lorsqu'on remplace U', V' et W par leurs valeurs en

7..

(52)

fonction de R, de ρ, de ϖ, de φ et de θ,

$$U_{\iota} = \left[R^2 \frac{d\varpi}{dt} + \cos(\varphi - \varpi) \frac{d\varphi}{dt} - \sin(\varphi - \varpi) \frac{d\Theta}{dt} \right] \sin \theta,$$

$$V_{\iota} = - \frac{\rho\, U_{\iota}}{R \cos \theta}.$$

Après avoir calculé ι et ρ par les formules (3) et (5), on connaîtra donc U_{ι} et V_{ι}.

Cela posé, on a aussi

$$U_{\iota} = U \cos \varphi \cos \theta + V \sin \varphi \cos \theta + W \sin \theta,$$

$$V_{\iota} = U \cos \varpi + V \sin \varpi;$$

d'où l'on tire les valeurs de U et de V en fonction de U_{ι}, de V_{ι} et de W; en substituant ces valeurs à U et à V, dans les formules

$$\sin i \sin \aleph = \frac{U}{H}, \quad \sin i \cos \aleph = - \frac{V}{H},$$

déduites des équations du § II, qui font connaître $\sin i$, $\sin \aleph$ et $\cos \aleph$; puis, en remplaçant W par H, ce qui revient à supposer $\cos i$ égal à l'unité, ou à négliger le carré de i, on aura, pour déterminer les angles i et $\aleph$,

$$\sin i \sin \aleph = \frac{V_{\iota} \cos \theta \sin \varphi - (U_{\iota} - H \sin \theta) \sin \varpi}{H \cos \theta \sin (\varphi - \varpi)},$$

$$\sin i \cos \aleph = \frac{V_{\iota} \cos \theta \cos \varphi - (U_{\iota} - H \sin \theta) \cos \varpi}{H \cos \theta \sin (\varphi - \varpi)}.$$

§ VIII.

Correction des éléments de l'orbite.

24. Si l'on connaissait à priori les éléments de l'orbite, à une époque donnée, on pourrait déterminer la position de la planète à cette époque, en calculant la distance r et l'angle p, au moyen des formules qui ont été établies, et qu'il suffirait d'appliquer d'une manière inverse. Ainsi, l'élimination de ψ et de λ, entre les équations

$$(24) \qquad r = a\,(1 - \varepsilon \cos \psi), \quad \psi - \varepsilon \sin \psi = \lambda t + c, \quad k = \lambda^2 a^3,$$

ferait connaître r en fonction de a, de ε et de c. On trouverait encore cette même distance, mais exprimée en fonction de i et de $\aleph$, si l'on éliminait ι et p entre les équations

$$(25) \quad \begin{cases} \text{R} \cos (\varpi - \aleph) + \iota \cos \theta \cos (\varphi - \aleph) = r \cos p, \\ \text{R} \sin (\varpi - \aleph) + \iota \cos \theta \sin (\varphi - \aleph) = \sin p \cos i, \\ \iota \sin \theta = r \sin p \sin i. \end{cases}$$

Représentons par r' et par r'' les deux expressions ainsi obtenues, et supposons que les angles φ et θ se rapportent à une observation différente de celles qui ont déjà servi pour le calcul des valeurs approchées des éléments de l'orbite. Lorsqu'on remplacera dans r' les lettres a, ε et c par ces valeurs approchées, on commettra une erreur $\partial r'$, qui sera une fonction linéaire des corrections supposées très-petites ∂a, $\partial \varepsilon$, ∂c, que doivent subir les trois éléments, et l'on aura

$$\partial r' = \frac{dr'}{da} \partial a + \frac{dr'}{d\varepsilon} \partial \varepsilon + \frac{dr'}{dc} \partial c.$$

De même, l'erreur que l'on commet en calculant r'' avec des valeurs approchées de i et de $\aleph$, sera, en fonction des corrections ∂i et $\partial \aleph$,

$$\partial r'' = \frac{dr''}{di} \partial i + \frac{dr''}{d\aleph} \partial \aleph.$$

$\partial r'$ et $\partial r''$ ne sont pas connus, mais leur différence n'est autre chose que la différence, prise en signe contraire, des valeurs approchées de r' et de r''; on peut donc l'obtenir facilement, et, si on la représente par Δr, il viendra

$$(26) \quad \Delta r = \frac{dr'}{da} \partial a + \frac{dr'}{d\varepsilon} \partial \varepsilon + \frac{dr'}{dc} \partial c - \frac{dr''}{di} \partial i - \frac{dr''}{d\aleph} \partial \aleph.$$

Au moyen d'une double expression de l'angle p, on peut former, comme on le verra plus loin, une autre relation, qui renferme les corrections à faire subir aux six éléments; chaque observation, autre que celles qui ont dû être employées dans le calcul approximatif, fournira donc deux équations linéaires entre ces corrections. Il ne

(54)

restera plus qu'à appliquer, au groupe d'équations ainsi obtenu, un mode de résolution convenable.

25. En différentiant, par rapport à a, les deux membres de chacune des équations (24), et en éliminant la dérivée de ψ et celle de λ, on trouvera

$$\frac{dr'}{da} = \frac{r'}{a} - \frac{3}{2}\frac{a}{r'}\lambda t\varepsilon \sin\psi.$$

Le coefficient de $\partial\varepsilon$ et celui de ∂c, dans l'équation (26), s'obtiennent d'une manière analogue; mais, si l'on a égard aux relations

$$\cos(p - p_1) = \frac{\cos\psi - \varepsilon}{1 - \varepsilon\cos\psi},$$

$$\sin(p - p_1) = \frac{(1 - \varepsilon)^{\frac{1}{2}}\sin\psi}{1 - \varepsilon\cos\psi},$$

leurs expressions se simplifient et deviennent

$$\frac{dr'}{d\varepsilon} = -a\cos(p - p_1),$$

$$\frac{dr'}{dc} = \frac{a\varepsilon}{(1 - \varepsilon)^{\frac{1}{2}}}\sin(p - p_1).$$

26. Si l'on ajoute membre à membre les équations (25), après avoir élevé au carré, et si l'on multiplie en croix la seconde et la troisième, il viendra

$$(27)\quad \begin{cases} r^2 = R^2 + 2R\iota\cos\theta\cos(\varphi - \varpi), \\ [\sin\theta\cot i - \cos\theta\sin(\varphi - \aleph)]\iota = R\sin(\varpi - \aleph). \end{cases}$$

La première de ces nouvelles équations fournira r'', après qu'on aura remplacé, dans le second membre, ι par sa valeur tirée de la deuxième. Quant aux dérivées de r'' par rapport à i et à $\aleph$, on les obtiendra en différentiant l'une et l'autre équation, et l'on aura

$$\frac{dr''}{di} = \frac{r''\sin p}{\sin i}\frac{\iota + R\cos\theta\cos(\varphi - \varpi)}{R\sin(\varphi - \varpi)},$$

$$\frac{dr''}{d\aleph} = -\iota\cos p\frac{\iota + R\cos\theta\cos(\varphi - \varpi)}{R\sin(\varphi - \varpi)}.$$

27. On peut calculer p, soit en fonction de a, de ε, de c et de p_1, à l'aide des équations (24), auxquelles il faudrait joindre la suivante,

$$\operatorname{tang} \frac{1}{2}(p - p_1) = \left(\frac{1+\varepsilon}{1-\varepsilon}\right)^{\frac{1}{2}} \operatorname{tang} \frac{1}{2}\psi,$$

soit en fonction de i et de $\aleph$, à l'aide des équations (25). Si l'on appelle p' et p'' les deux expressions ainsi obtenues, et si l'on représente par Δp la valeur numérique de $p'' - p'$, qui correspond aux valeurs approchées des éléments, il viendra

$$\Delta p = \frac{dp'}{da}\,\delta a + \frac{dp'}{d\varepsilon}\,\delta\varepsilon + \frac{dp'}{dc}\,\delta c + \frac{dp'}{dp_1}\,\delta p_1 - \frac{dp''}{di}\,\delta i - \frac{dp''}{d\aleph}\,\delta\aleph.$$

Les quatre premiers coefficients sont donnés par les formules

$$\frac{dp'}{da} = -\frac{3}{2}\frac{a(1-\varepsilon^2)^{\frac{1}{2}}}{r'^2}\lambda t, \qquad \frac{dp'}{d\varepsilon} = \left(\frac{a}{r'} + \frac{1}{1-\varepsilon^2}\right)\sin(p - p_1),$$

$$\frac{dp'}{dc} = (1-\varepsilon^2)^{\frac{1}{2}}\frac{a^2}{r'^2}, \qquad \frac{dp'}{dp_1} = 1.$$

Pour avoir p'', on remplacera, dans la suivante,

$$\sin p = \frac{\upsilon \sin\theta}{r \sin i},$$

υ et r par leurs valeurs tirées des équations (27). On aura de plus

$$\frac{dp''}{di} = \operatorname{tang} p\left(\frac{1}{\upsilon}\frac{d\upsilon}{di} - \frac{1}{r''}\frac{dr''}{di} - \cot i\right),$$

$$\frac{dp''}{d\aleph} = \operatorname{tang} p\left(\frac{1}{\upsilon}\frac{d\upsilon}{di} - \frac{1}{r''}\frac{dr''}{d\aleph}\right).$$

Les dérivées de r'', par rapport à i et à $\aleph$, ont déjà été calculées; quant à celles de υ, elles sont fournies par la seconde des équations (27), qui donne

$$\frac{d\upsilon}{di} = \frac{r''\sin p}{R\sin i\sin(\varpi - \aleph)}, \qquad \frac{d\upsilon}{d\aleph} = \frac{r''\upsilon\cos p}{R\sin(\varpi - \aleph)}.$$

28. La méthode précédente s'applique à la correction des éléments de l'orbite d'une comète, car on peut obtenir r et p, soit en fonction de q, de p_1 et de τ, à l'aide des formules (16) et (17), soit en fonction de i et de ϑ, à l'aide des formules (25); l'emploi des Tables évitera, pour le calcul de p, la résolution d'une équation du troisième degré.

Vu et approuvé,

Le Doyen de la Faculté des Sciences,

MILNE EDWARDS.

Permis d'imprimer,

Le Recteur de l'Académie de la Seine,

CAYX.

PARIS. — IMPRIMERIE DE BACHELIER, rue du Jardinet, 12.

PARIS. — IMPRIMERIE DE BACHELIER,
RUE DU JARDINET, 12.